清华大学建筑 规划 景观设计教学丛书

REGULATORY PLANNING

控制性详细规划

唐燕　编著

清华大学出版社

北京

内 容 简 介

　　本教材是依托清华大学建筑学院城乡规划本科"控制性详细规划"设计课程的五年教学改革实践经验，专门针对控制详细规划"设计课"的教学特点、课堂设计与实际需求而编写的一部教学参考书。教材旨在为高校城乡规划学科开设控制性详细规划设计课提供教学方案借鉴，为学生在设计课程中完成一整套控制性详细规划编制成果提供具体指导，同时也适合相关规划技术人员、规划管理人员等概略了解控制性详细规划的编制方法与基础知识等。

　　本书首先介绍了我国控制性详细规划的发展演进历程、法定地位、编制方法与知识要点等综合理论基础，然后结合清华大学控制性详细规划设计课程的教学安排、课堂组织、题目设置与学生作业等，实证性地阐述了控制性详细规划设计课程的具体教学方案、教学方法、教学手段、教学要求与成果产出，并从开发地块指标研究、城市设计结合控制性详细规划、文本与说明书撰写等视角开展规划方法探讨与案例剖析，从而为城乡规划专业本科生学习控制性详细规划提供详尽的方法指导与范例参照。

图书在版编目 (CIP) 数据

　　控制性详细规划 / 唐燕编著. — 北京：清华大学出版社，2019（2025.1 重印）
　　（清华大学建筑　规划　景观设计教学丛书）
　　ISBN 978-7-302-51125-0

　　Ⅰ.①控…　Ⅱ.①唐…　Ⅲ.①城市规划－研究　Ⅳ.①TU984

　　中国版本图书馆CIP数据核字（2018）第202152号

责任编辑：张占奎
封面设计：陈国熙
责任校对：赵丽敏
责任印制：曹婉颖

出版发行：清华大学出版社
　　　　　网　　　址：https://www.tup.com.cn，https://www.wqxuetang.com
　　　　　地　　　址：北京清华大学学研大厦A座　　邮　　　编：100084
　　　　　社 总 机：010-83470000　　　　　　　　邮　　　购：010-62786544
　　　　　投稿与读者服务：010-62776969，c-service@tup.tsinghua.edu cn
　　　　　质量反馈：010-62772015，zhiliang@tup.tsinghua.edu.cn

印 装 者：小森印刷霸州有限公司
经　　销：全国新华书店
开　　本：165mm×230mm　　印　　张：13.25　　字　　数：209千字
版　　次：2019年2月第1版　　印　　次：2025年1月第9次印刷
定　　价：68.00元

产品编号：079091-01

序　言

我国的规划体系正处在转变之中。

2018 年 3 月，中共中央发布《深化党和国家机构改革方案》、全国人民代表大会通过《国务院机构改革方案》，成立自然资源部，统一行使全民所有土地等自然资源资产所有者的职责和国土空间用途管制和生态保护修复的职责。按照空间规划改革设想，空间规划下将设专项规划和控制性详细规划。2018 年 12 月，中共中央、国务院发布《关于统一规划体系，更好发挥国家发展规划战略导向作用的意见》，要求理顺国家发展规划和专项规划、区域规划、空间规划的相互关系，避免交叉重复和矛盾冲突。按照意见要求，国家发展规划是社会主义现代化战略在规划期内的阶段性部署和安排；专项规划是指导特定领域发展、布局重大工程项目、合理配置公共资源等的重要依据；区域规划是指导特定区域发展、制定相关政策的重要依据；空间规划以空间治理和空间结构优化为主要内容，是实施国土空间用途管制和生态保护修复的重要依据。

在国家规划体系改革部署下，预计各个地方的规划体系也将进入相应的改革进程。

1978 年改革开放后，我国城市规划体制经历了一个不断发展完善的过程。1984 年实施的《城市规划条例》，将城市规划分为总体规划和详细规划两个阶段，1990 年实施的《城市规划法》，将编制城市规划一般分为总体规划和详细规划两个阶段进行。2007 年实施的《城乡规划法》，将城市规划、镇规划分为总体规划和详细规划，详细规划分为控制性详细规划和修建性详细规划。按照《城乡规划编制办法》，控制性详细规划应当依据总体规划或分区规划，考虑相关专项规划的要求，对具体地块的土地利用和建设提出控制指标，作为建设项目规划许可的依据。

我国控制性详细规划的形成，与改革开放以来经济社会和城市化快速发展阶段密切关联。控制性详细规划起到了规范土地市场化开发的政策作用。由于房地产的不动产特征，相关土地的地产和房产用益物权，包括占有、使用、收益、处分，及其相关地产的流转权、补偿权、自动续期权等都或多或少受到控制性详细规划的影响。2007年颁布的《物权法》，对土地和建筑物的不动产所有权、用益物权、担保物权、质权和占有等进行了法律规定，控制性详细规划制定的控制指标，涉及物权相关权益，使得控制性详细规划的作用，不仅对规划建设管理，也对经济和建设活动的社会经济关系及其财产权利的界定、保护发挥影响。

在经济社会和城市化快速发展阶段中，土地开发建设大都采取大规模房地产投资的建设方式。大宗地产用益物权的公共使用、团体使用的特点，造成实际工作中大规模的建设用地开发和个体的业主物权收益保护上的一系列制度、法律和管理难题。随着我国经济社会发展转型，城市建设进入减量发展和存量改造的阶段，多数城市地区的大规模开发建设已经过去。如何针对新的情况，结合城市改造和房地产用益物权的深入认识和保护实践，深化控制性详细规划，对于发展社会主义市场经济，妥善处理用益物权之间的经济社会矛盾，实施以人民为中心的社会主义市场经济的体制改革，具有重要的意义。

近年来国家和地方政府为推进国家治理体系和治理能力的现代化，落实以人民为中心的发展思想，贯彻新发展理念，实现高质量发展，努力解决阻碍经济社会发展的体制性问题，不断推进制度改革，涉及到控制性详细规划的变革。

2018年12月中共中央、国务院批复的《北京城市副中心控制性详细规划（街区层面）》，将控制性详细规划推到了具体落实国家战略措施的高度，内容包括战略定位、规模与结构、空间布局、主导功能、城市特色、城市风貌、建设没有城市病的城区等。

从上述国家规划体系改革和国家治理体系和治理能力现代化改革的路径中可以看到，控制性详细规划的作用，已不仅限于管理具体地块开发建设和规范土地市场的要求，还是落实发展战略部署和安排，贯彻相关政策、建设重大工程项目，配置公共资源，实施国土空间用途管制和生态修复的重要政策工具。"上面千条线、下面一根针"，控制性详细规划就是这么"一根针"。

　　本书是清华大学城市规划系本科教学改革的一项成果。结合清华大学城市规划本科的控制性详细规划教学要求，本节介绍了我国控制性详细规划的发展历程，控制性详细规划的基本内容，建设用地区划的区域分类，建设用地开发建设的控制指标体系，控制性详细规划的成果形式与规划维护情况，以及课程内容和设计作业成果等。课程力图结合城市规划本科学生知识掌握的具体情况和将来工作的实际需要，按照清华大学本科教学和城市规划本科培养方案的要求，有意识地突出加强控制性详细规划的基本知识培养和能力塑造，开展相关课程训练。

　　本书介绍的课程内容与上述国家规划体系改革和国家治理体系和治理能力现代化改革的新情况和新要求还要继续对接，希望将来有机会能够进一步深化有关的教学内容。清华大学城市规划专业教学改革和科学研究将努力适应国家和城市改革发展的需要，为发展学术、培养人才、服务国家建设做出应有的贡献。希望各位读者对本书的不足提出宝贵意见。

2019 年 2 月于清华园

前　言

　　"控制性详细规划"（简称"控规"）是城乡规划专业本科教学的重要内容构成。当前专门针对控制性详细规划的设计课程而编制出版的教材尚为空缺，因此依托清华大学建筑学院为城乡规划三年级本科生开设的"控制性详细规划"设计课的五年实践经验，本教材以控制性详细规划的设计教学为导向，旨在提供一部可供规划设计课的教师与学生参考的控规编制教学读本。

　　显然，控制性详细规划的"理论"课程与"设计"课程所承担的教学任务、采用的授课方式、达到的教学目标等各自不同，适用的课堂教材也会有所区别。针对设计课程的控规教材需要从规划编制和实践技能层面入手，帮助学生调动、巩固与合理应用学过的相关城乡规划知识和技术方法，并增补必要的控规编制专业技能，有效指导学生在课程学习过程中完成一套完整的控制性详细规划成果的编制。

　　通过"控制性详细规划"设计课程的学习，学生要掌握控规编制的具体内容和规划方法，理解控规与其他层面城市规划及城市建设之间的关系，并能通过调查分析与综合思考，理论联系实际地完成具体规划地段的控规方案与成果，使得规划编制切实面向城乡建设管理，既严谨规范便于实施，又兼具合理的弹性及灵活性。

　　教材共分 7 章，前 3 章重在介绍我国控制性详细规划的发展演进历程、法定地位、编制方法与知识要点等综合理论基础，后 4 章结合清华大学控规设计课程的教学安排、课堂组织、题目设置与学生作业等，实证性地阐述了控规设计课程的具体教学方案、教学方法、教学手段、教学要求与成果产出等，同时从开发地块指标研究、城市设计结合控规编制、文本与说明书撰写等视角开展基于学生设计成果的规划方法探讨与案例剖析，为城乡规划专业本科生学习控制性详细规划提供详尽的方法指导与范例参照。

　　感谢参与控规教学的清华大学建筑学院吴唯佳教授、黄鹤副教授、田莉教授,以及通过"校企联合教学"平台参与清华控规授课的北京市城市规划设计研究院的盖春英、魏保义、王崇烈、邢宗海等几位高级工程师。教材中很多关键控规知识点的阐述,都来自于这几位高级工程师的课堂讲义,教材引用和依托的大部分案例和规范等也来自北京市,力求真实而又完整地呈现清华大学控规设计课程从知识到应用的整体教学过程。

　　感谢"清华大学本科生教学改革项目"对教材编制给予的大力支持。教材作为清华大学建筑学院控规设计课程改革探索与实践创新的一次初步尝试,其中难免存在诸多不足之处,我们将在后续教学工作中进一步总结经验得失,推进教学探索与教材建设的持续进步。

唐　燕

2018 年 8 月于清华园

目　录

第1章 控制性详细规划的发展演进与编制要求

　　控制性详细规划（简称控规）是《中华人民共和国城乡规划法》（以下简称《城乡规划法》）确立的法定规划体系中的重要规划类型，是城乡规划主管部门作出行政许可、实施规划管理的基本依据，我国国有土地使用权的划拨、出让均应当符合控制性详细规[1]。控制性详细规划衔接规划设计与城市建设管理，是将城市总体规划设定的宏观目标与发展要求等转化为具体控制指标、控制规定及建设要求的规划编制层次。

1.1　控制性详细规划的法定地位

　　2007年10月28日，第十届全国人民代表大会常务委员会通过《中华人民共和国城乡规划法》（2008年1月1日起施行），第二条明确规定：本法所称城乡规划，包括城镇体系规划、城市规划、镇规划、乡规划和村庄规划；城市规划、镇规划分为总体规划和详细规划；详细规划分为控制性详细规划和修建性详细规划（图1-1）。控制性详细规划在我国城乡规划体系中的地位和作用据此得以确立。

　　总体上，控制性详细规划是以城市总体规划（分区规划）为依据，以落实总体规划意图为目的，以土地使用控制为重点，详细规定规划范围内各项建设用地的用地性质、开发强度、设施配套和空间环境等管控指标和其他规划管理要求，进而为城市国有土地使用权出让和规划管理提供依据，

---

　　① 中华人民共和国住房和城乡建设部．城市、镇控制性详细规划编制审批办法(2011年1月起试行)，第三条。

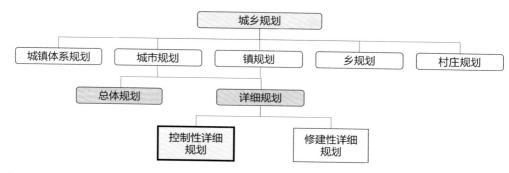

图 1-1　我国法定城乡规划体系的内容构成

并指导修建性详细规划、建筑设计和市政工程设计编制的一类法定规划[①]。

　　《城乡规划法》未对控制性详细规划的具体编制内容等做出细节的技术规定，但在第十九条、第二十条、第二十一条重点阐述了控制性详细规划的组织编制机构与审批要求，及其与修建性详细规划的关系（表 1-1）。在组织编制机构上，《城乡规划法》规定城市人民政府、镇人民政府根据城市 / 镇总体规划的要求，组织编制城市 / 镇的控制性详细规划；县人民政府所在地镇的控制性详细规划，由县人民政府城乡规划主管部门根据镇总体规划的要求组织编制。在审批程序上，城市的控制性详细规划经本级人民政府批准后，报本级人民代表大会常务委员会和上一级人民政府备案；镇的控制性详细规划报上一级人民政府审批；县人民政府城乡规划主管部门组织编制的镇控制性详细规划经县人民政府批准后，报本级人民代表大会常务委员会和上一级人民政府备案。按照《城乡规划法》要求，修建性详细规划应当符合控制性详细规划。

　　在第三十七条、第三十八条、第四十条中，《城乡规划法》明确规定了控制性详细规划是城乡规划主管部门进行"规划行政许可"的依据，在城市、镇规划区内：①以划拨方式提供国有土地使用权的建设项目申请建设用地规划许可时，由城市、县人民政府城乡规划主管部门依据控制性详细规划核定建设用地的位置、面积、允许建设的范围，核发建设用地规划许可证。②以出让方式提供国有土地使用权的，在国有土地使用权出让前，城市、

---

　　① 参见《中华人民共和国城乡规划法》《城市规划编制办法》《城市规划编制办法实施细则》《城市、镇控制性详细规划编制审批办法》《湖北省控制性详细规划编制技术规定》等。

县人民政府城乡规划主管部门应当依据控制性详细规划，提出出让地块的位置、使用性质、开发强度等规划条件，作为国有土地使用权出让合同的组成部分。未确定规划条件的地块，不得出让国有土地使用权。③进行建筑物、构筑物、道路、管线和其他工程建设的，建设单位或者个人应当向城市、县人民政府城乡规划主管部门或者省、自治区、直辖市人民政府确定的镇人民政府申请办理建设工程规划许可证。对符合控制性详细规划和规划条件的，由城市、县人民政府城乡规划主管部门或者省、自治区、直辖市人民政府确定的镇人民政府核发建设工程规划许可证。在第四十三条、第四十四条、第四十八条中，《城乡规划法》针对城镇建设管理的变更和控制性详细规划的修改等做出了进一步规定（表1-1）。

表1-1　《城乡规划法》对控制性详细规划地位与作用等作出的相关规定

内容	相关规定
组织编制机构与规划审批	• 城市：城市人民政府城乡规划主管部门根据城市总体规划的要求，组织编制城市的控制性详细规划，经本级人民政府批准后，报本级人民代表大会常务委员会和上一级人民政府备案。 • 县：县人民政府所在地镇的控制性详细规划，由县人民政府城乡规划主管部门根据镇总体规划的要求组织编制，经县人民政府批准后，报本级人民代表大会常务委员会和上一级人民政府备案。 • 镇：镇人民政府根据镇总体规划的要求，组织编制镇的控制性详细规划，报上一级人民政府审批
规划许可依据	• 划拨（申请建设用地规划许可证）：以划拨方式提供国有土地使用权的建设项目应当向城市、县人民政府城乡规划主管部门提出建设用地规划许可申请，由城市、县人民政府城乡规划主管部门依据控制性详细规划核定建设用地的位置、面积、允许建设的范围，核发建设用地规划许可证。 • 出让（确定规划条件作为地块出让合同的组成部分）：以出让方式提供国有土地使用权的，在国有土地使用权出让前，城市、县人民政府城乡规划主管部门应当依据控制性详细规划，提出出让地块的位置、使用性质、开发强度等规划条件，作为国有土地使用权出让合同的组成部分。未确定规划条件的地块，不得出让国有土地使用权。 • 建设（核发建设工程规划许可证）：进行建筑物、构筑物、道路、管线和其他工程建设的，建设单位或者个人应当向城市、县人民政府城乡规划主管部门或者省、自治区、直辖市人民政府确定的镇人民政府申请办理建设工程规划许可证。对符合控制性详细规划和规划条件的，由城市、县人民政府城乡规划主管部门或者省、自治区、直辖市人民政府确定的镇人民政府核发建设工程规划许可证
建设管控	• 建设单位应当按照规划条件进行建设；确需变更的，必须向城市、县人民政府城乡规划主管部门提出申请。变更内容不符合控制性详细规划的，城乡规划主管部门不得批准。 • 临时建设影响建设规划或者控制性详细规划的实施以及交通、市容、安全等的，不得批准
规划修改	• 修改控制性详细规划的，组织编制机关应当对修改的必要性进行论证，征求规划地段内利害关系人的意见，并向原审批机关提出专题报告，经原审批机关同意后，方可编制修改方案。 • 修改后的控制性详细规划，应当依照本法第十九条、第二十条规定的审批程序报批。 • 控制性详细规划修改涉及城市总体规划、镇总体规划的强制性内容的，应当先修改总体规划

资料来源：根据《中华人民共和国城乡规划法》（2008年1月1日起施行）相关内容整理。

《城乡规划法》针对控制性详细规划作出的上述种种规定，包括了组织编制机构与规划审批、规划许可依据地位、建设管控相关要求、规划修改要求等方面，是我国城镇编制和实施控制性详细规划的基本依据。对比我国旧的《城市规划法》与新的《城乡规划法》的区别，可以发现规划许可从"符合城市规划"转向了"依据控制性详细规划"，无论是"用地规划许可证"还是"建设工程规划许可证"的颁发都必须依据控规，这预示着我国规划许可制度的转型变化以及控制性详细规划的地位强化[1, 2]。

1.2 控制性详细规划在我国的发展演进

控制性详细规划在我国源起于 20 世纪 80 年代，其发展演进大致经历了三个阶段，分别为初创与起步期（1980—1989 年）、确立与规范期（1990—1999 年）、变革与完善期（2000 年以来）①。

1.2.1 1980—1989 年的初创与起步期

1980—1989 年是控制性详细规划在我国正式确立之前的探索起步期。改革开放后，城市建设方式与投资渠道的变化、土地使用模式的转型等，对城市规划及城市建设管理工作提出了新的变革需求。随着美国区划法等规划管控工具及其思想引入中国，20 世纪 80 年代，我国的上海、桂林、厦门、广州、温州等地在传统详细规划的基础上，创造性地开展了控制性详细规划编制的实践探索；一些地区还尝试了出台城市规划管理办法的相关地方立法工作——这些探索为推进我国规划设计成果对接规划管理，强化规划设计技术文件的规范性与法制性奠定了重要基础。

20 世纪 80 年代，美国女建筑师协会在访华的交流过程中，将土地分区规划管理（区划法，zoning）的概念积极引入国内规划界。1982 年，上海虹桥开发区为适应外资建设的要求，编制了土地出让规划，首次采用用地性质、容积率、建筑密度等 8 项指标对地块开发进行控制，成为我国最早尝试控制性详细规划编制的先驱之一（图 1-2）。1986 年，上海城市规划设计研究院在"上海市土地使用区划管理研究"中，消化吸收国外区划

---

① 根据文献 [3][3-5], 文献 [4][6-17], 文献 [5][7-15], 文献 [6], 文献 [7] 整理。

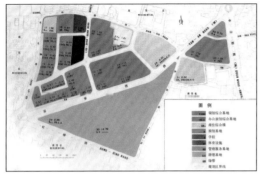

图 1-2　上海虹桥开发区规划 [3]124-125

技术，提出我国应采用分区规划、控规图则、区划法规相结合的土地使用管理模式。

1987 年，清华大学在桂林市中心区详细规划中引入区划思想，将中心城区按区、片、块逐步划分为基本地块，并对控制性指标和引导性指标加以区分，据此初步形成一套系统的控规编制方法（图 1-3）。同年，同济大学在厦门市中心南部特别行政区划中，确定了 10 项控制指标来落实各地块的规划意图。中国城市规划设计研究院在苏州古城桐芳巷居住街坊改造规划中融入控规研究，按照"现状综合评价 - 改造开发经营意向 - 改造开发控制管理"三个层次对街坊进行划区，将物质空间改造与经营管理联系起来。广州则不仅开展了 70km² 的街区规划，并颁布制定了《广州市城市规划管理办法》和《实施细则》两个地方法规，为规划管理的法制化建设做出了新尝试。

1988 年，温州城市规划管理局编制温州市旧城控制性详细规划（图 1-4），改革了传统详细规划的编制办法，提出"地块控制指标 + 图则"的做法，并颁布了《旧城区改造规划管理试行办法》和《旧城土地使用和建设管理技术规定》两项地方法规。

1989 年底，我国《城市规划法》颁布，虽然控制性详细规划没有作为专门的技术名词或规划类型出现在其中，但《城市规划法》指出：城市详细规划应当包括规划地段各项的具体用地范围、建筑密度和高度等控制指标、总平面布置、工程管线综合规划和竖向规划等内容，可见控制性详细规划的技术方法与思想已纳入该法。1989 年，汕头龙湖片区将其分区规划

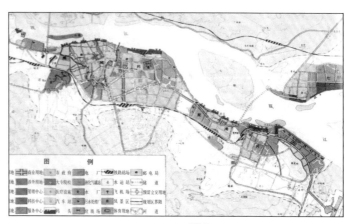

图 1-3　桂林中心区详细规划 [3]128　　图 1-4　温州市旧城控制性详细规划 [3]140

做到了控制性详细规划的深度，通过调整用地分类来推进规划管控实施和公共利益保障。同年，江苏省城乡规划设计研究院在"苏州市古城街坊控制性详细规划研究"中，对控规编制中规划地块的划分、综合指标的确立、新技术运用及与其他分区规划的关系等方面做了详细研究，并据此编写完成《控制性详细规划编制办法》（建议稿）。

1.2.2　1990—1999 年的确立与规范期

1990—1999 年是我国城市规划领域广泛开展法制建设的重要时期，《城市规划法》正式实施、《城市规划编制办法》及其《实施细则》等相继出台，推动着我国城市规划体系的不断完善与规范化建设。新出台的法律法规对控制性详细规划做出的具体规定，标志着控制性详细规划的地位、作用与编制方法等在我国的明确化。与此同时，社会经济实力的不断增强，市场经济建设、土地有偿使用等制度改革的深化，都使得城市开发建设的规模和需求空前，城市规划管理越来越离不开通过控规对地块设定开发管控条件，以此作为城市建设项目审批的基本依据。

1991 年，建设部颁布的《城市规划编制办法》规定了控制性详细规划的具体编制内容和要求。同年，东南大学与南京市规划局共同完成的"南京市控制性详细规划理论方法研究"对控制性详细规划的相关技术方法做了较为系统的总结。

1992 年，建设部颁布的《城市国有土地出让转让规划管理办法》，明确了出让国有土地使用权之前应当制定控制性详细规划。1992 年，建设部下发《关于搞好规划、加强管理，正确引导城市土地出让转让和开发活动的通知》，对温州市编制控制性详细规划引导城市国有土地出让转让的做法进行了推广。

1995 年，建设部制定的《城市规划编制办法实施细则》进一步明确了控制性详细规划的地位、内容与要求，推动控制性详细规划工作走上规范化轨道。1996 年，同济大学在全国率先开设控制性详细规划本科课程。

1998 年，深圳市人大通过《深圳市城市规划条例》，将控制性详细规划的内容转化为法定图则，作为城市土地开发和控制的依据，为我国控制性详细规划的立法做出了有益的探索。法定图则带有公共契约属性，是通过一系列的法定程序与过程[8]，有关各方达成共识而形成的共同遵循的"规划实施图则"。

1.2.3 2000 年以来的变革与完善期

21 世纪以来，《城乡规划法》《物权法》的实施，《城市规划编制办法（2005 年）》《城市、镇控制性详细规划编制审批办法（2011 年 1 月 1 日起试行）》的出台等，深刻地规范和推进了控制性详细规划的进一步发展。控规作为核发规划管理许可的重要依据，其地位和作用越发凸显。这期间，上海、广州、南京、北京等城市反思了过去控规编制存在的种种问题，通过规划创新、地方法规与技术规范建设等多元途径，从实践层面探索了控规编制技术与方法的全新改进与提升，使得控规成为文本、图则（规划单元—地块）、法规等相互支撑的规划运作体系，共同指导和约束城市开发建设等相关活动。至此，控规已从早期进行地块划分并逐一对地块管控指标进行赋值的单一做法，转变成更加综合系统、刚性与弹性相结合、形式与内容丰富多样的规划活动。

2003 年，上海颁布实施《上海城市规划条例》，建立起"控制性编制单元"的独立规划层次，将总体规划与分区规划确定的总体控制要求细化、分解，在单元范围内统筹安排，并借助强制性和引导性两类规划要求指导控制性详细规划的编制。

2004 年，广东省人大颁布了《广东省控制性详细规划管理条例》，规范了控制性详细规划的编制、审批、实施、调整以及公众参与等法定程序，并引入了规划委员会制度，实行决策权与执行权分离的创新体系，是我国第一部专用于规范控制性详细规划的地方性法规。为配合条例的实施，广东省建设厅于 2005 年出台《广东省控制性详细规划编制指引（试行）》，规定控规的具体成果应该包括技术文件、法定文件和管理文件。

2005 年，天津中心城区控制性详细规划建立了"一控规两导则"的编制和管理体系，通过控制性详细规划、土地细分导则、城市设计导则的有机结合与协同应用（图 1-5），化解控规编制工作滞后和管理的僵化，提高控规的兼容性、弹性和适应性 [9]120。

天津市文化中心周边地区控制性详细规划　规划图　　　　天津市文化中心周边地区土地细分导则　土地细分图

图 1-5　天津市文化中心周边地区控制性详细规划图（左）与土地利用细分导则（右）[9]165

2006 年 4 月 1 日，新版《城市规划编制办法》开始实施，对控制性详细规划的内容、要求及强制性内容进行了明确规定，控制性详细规划变得更加规范与完善。

2007 年，《物权法》的出台从根本上改变了城乡规划运行的法律环境，个人拥有的房屋不动产的财产地位得到确认，私人财产与国家财产具有平等权利关系，这就要求城乡规划管理基于权利平等观念重塑政府、开发商和公众之间的关系，赋予公众参与规划的权利和维护自身权益的途径 [10, 11]。《物权法》关于保护公共利益、保护物权，及其对用益物权的规定等，使得现实物权保护与未来规划实施（产权调整）之间的部分矛盾成为控规工作面临的新挑战。同年，北京在 2006 年控规编制成果的基础上，探索了控制性详细规划的"动态维护"机制。

2008年1月1日,《城乡规划法》实施,继续加强了控制性详细规划的地位和作用,强调控规是城乡规划主管部门实施规划许可,核发建设用地规划许可证与建设工程规划许可证的主要依据。2011年实施的《城市、镇控制性详细规划编制审批办法(试行)》,对控规编制和审批的要求作出了更加具体的详尽规定。

近年来,随着北京(《北京城市总体规划(2016—2035年)》)、上海(《上海市城市总体规划(2017—2035年)》)等各大城市新一轮总体规划修编工作的相继完成,新一轮的控规修编及其方法探索正如火如荼地进行中。

1.3 控制性详细规划的作用特征

从控规发展演进历程可以看出,控规在我国的产生具有历史必然性,概括起来主要表现在以下几方面:

(1)适应市场经济与土地开发管理的需要

我国在从计划经济向市场经济转型的过程中,城市建设领域出现的新情况,即土地使用权与所有权分离、国有土地的有偿出让与转让、房地产市场的出现、住房制度改革等一系列变化[9]9,使得社会关系和利用冲突日趋复杂,急需改革旧有的以"计划安排"和"无偿使用"等为特征的城市建设管理方式与城市规划工作方法。传统以"摆房子"为特征、注重总平面布局和空间形体组织的详细规划,需要向以"确定土地开发条件"为导向的规划方式上变革,为计划外项目、外企、私企、个体经济等购买土地使用权,进行土地开发提供对接平台和管理依据。

(2)衔接总体规划、修建性详细规划与建筑设计

用于确定城市发展方向与发展战略、土地利用整体构想、重大设施部署等的城市总体规划侧重宏观性和原则性,难以指导城市具体地块的开发;而以"修建性方案"为指向的旧有详细规划重在具体地块的建设方案和设计细节等,缺少从整体层面来协调不同城市地块之间的开发关系,以及规范、公平、公正地进行地块开发条件设置等工作内容,因此,为细化和落实城市总体规划、指导下位规划及建筑设计,并为城市规划管理提供法定依据,控制性详细规划作为不同规划层级之间的衔接层次而出现,成为完善我国

城市规划与管理体系的重要举措。

（3）政府职能转型过程的规划实施工具需求

随着政府逐步从城市开发的核心建设主体位置退居到城市开发的"守门人"和局部参与者位置上，政府与市场、公众之间的责权利关系不断重构。控制性详细规划作为城市规划管理实施的支撑工具，作用和地位越来越重要。城市、镇层面的法定规划中，总体规划作为控规的上位规划，将更加突出其统筹性、整体性和原则性；控制性详细规划的重点将更加侧重保证城市公共利益、协调城市利益关系、维护社会公平与公正、保障城市健康开发建设等。

总结起来，我国现阶段控制性详细规划的主要职责及其作为特性可以概括为：①衔接上下位规划，落实城市总体规划意图，指导修建性详细规划和建筑设计等的开展；②确定城市规划单元与地块的用地性质、开发强度等建设管控要求，协调各方责权利关系并维护社会公平公正；③为核发"一书两证"提供土地开发条件管控要求，为城市国有土地使用权出让和规划管理提供参照依据[①]。

1.4 控制性规划的国际经验

控制性详细规划在我国的发展，借鉴和学习了西方发达国家的控制性规划经验，特别是受到了以德国和美国为代表的区划法的重要影响[②]。

1.4.1 德国区划法

区划法作为一种土地分区管理办法，在发达国家和地区有着广泛应用。德国是区划法的起源国家。区划法通过对土地进行细分，以立法形式具体规定一定范围土地的用地性质、开发容量及建设管理要求等来控制和管理城市开发建设。

德国城市层面的规划主要分为土地利用规划（Flaechennutzung-splan）和建造规划（Bebauungsplan），其中建造规划就是作为法定图则

---

① "一书两证"指由城乡规划主管部门给城市建设项目核发的建设项目选址意见书、建设用地规划许可证与建设工程规划许可证。

② 本节资料信息根据文献[5]，文献[9]，文献[12]，文献[13]整理。

的详细规划，是极为强力的城市空间区划管控工具。德国早在中世纪，就出现了针对道路网规划的"建造规划"一词，1858—1861年普鲁士政府还组织编制了扩张型的柏林城市建造规划总图（Bebauungsplan von Berlin）。

追溯起来，区划工具起源于德国早期的道路控制制度，1868年南德的巴登大公国第一个颁布了《道路红线法》(Fluchtliniengesetz)，用来保障道路红线范围不受私自建设的侵占和不合理现象的使用。自德国第二帝国（1971—1918年）起，这种控制方法逐步从道路红线管理演化为道路控制和地块区划制度。区划法在德国产生的里程碑是1891年阿迪克斯（Franz Adickes）主持制定的《分级建筑法令》(Staffel Bauordnungen)，该法令对城市进行了分区，并针对各分区提出包括建筑高度在内的不同控制要求，使其做法在德国得以迅速传播。

第二次世界大战结束之后，联邦德国在1949—1959年的战后重建期间制定出台了《重建法案》(Aufbaugesets)来推进城市建设工作。该法案沿袭了战前区划法的规划做法，通过法律约束力来管控道路建设以及建筑物用途和建设利用要求等，具有很大的优越性。1960—1973年是联邦德国经济发展的稳定和奇迹创造期，《联邦建造法》(Bundesbaugesetz)于1960年通过，明确了土地利用规划和建造规划的法定框架。1986年，西德在《联邦建造法》和《城镇建设促进法》的基础上颁布了《建设法典》，成为德国城市规划的根本大法，历经多次修订沿用至今。

德国的建造规划可以分为三类：合格的建造规划、简化的建造规划、项目建造规划。其中最为常用的是合格的建造规划，包括三项主要控制要素：建设利用的类型（用地性质）和程度（开发强度）、建筑的许可范围（可建设范围）、地方交通用地（公共交通控制要素）（图1-6）。建造规划的编制程序包括七个阶段，是一个公共利益与私人利益的协调过程：做出规划编制决议阶段、初始公众参与阶段、规划草案编制阶段、正式公众参与阶段、规划修改阶段、立法阶段、监督阶段。建造规划的成果由图纸、文本和论证书组成，建造规划图纸和文本共同构成法定图则，具有法律效力。

相比之下，德国建造规划对土地用途的管制比我国控规相对灵活一些，用以保持地块开发的混合利用与弹性。《建设利用法规》将用地类型分为综

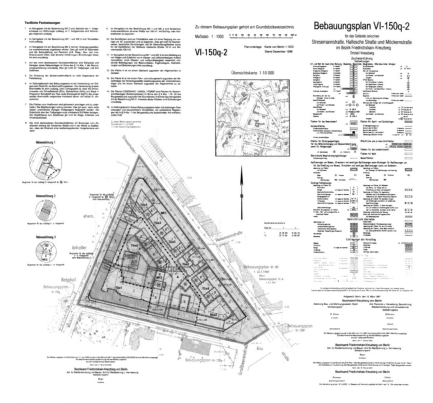

图 1-6　德国柏林的建造规划图示

资料来源：http://www.stadtentwicklung.berlin.de/planen/b-planverfahren/download/
Erklae-rung_Planzeichnung.pdf.

合土地利用类型（类似我国城市用地分类的大类）和具体土地利用类型（类似小类），其中综合土地利用类型包括综合居住用地（W）、综合混合用地（M）、综合商业用地（G）和综合特殊用地（S）4类。在建筑开发强度、建造方式，甚至建筑形态等方面，建造规划在很多情况下也会给出详细而严格的规定（图 1-7）。

1.4.2　美国区划法

美国的区划法产生于 20 世纪初，当时是为了保护土地的财产权且避免对相邻物业的价值造成损害而实行的一项管理工具（图 1-8）。1908 年，洛杉矶市议会通过了美国第一个地方区划法规，对一定城市区域划定居住

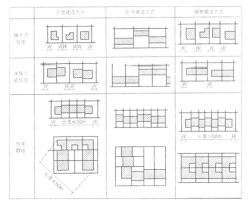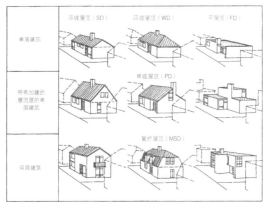

图 1-7　德国区划中的建造方式与屋顶形式控制图示 [9] 81,[12]

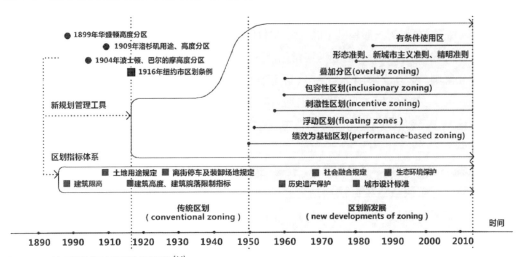

图 1-8　美国区划及其工具的演进 [14]

和工业区来进行土地开发的用途管控。1916 年,纽约市通过美国第一部《区划条例》,用于控制摩天大楼高度的无序增长,控制内容主要包括建筑高度、建筑退缩控制、土地使用用途的相容性规定等,带来了 20 世纪 30 年代纽约典型的"结婚蛋糕"式阶梯样高层建筑的流行。1920 年,纽约区划法得到州最高法院的认可,正式成为法律。受此影响,美国其他城市也相继采用了类似的区划法令来协调不同建筑之间的影响关系问题。1926 年,美国最高法院确立了区划法的地位和作用,并规定区划必须随时间和形势的变化不断进行调整。

美国的城市规划主要分为两个层次，包括综合规划（comprehensive plan）和区划法规（zoning regulation），其中区划法规是城市政府影响土地开发的重要手段。美国区划法自诞生以来，始终处在不断的修订、调整和完善中。1961 年纽约法修订，之后引入了"容积率"的概念来控制每一块土地上允许开发的最大建筑面积。20 世纪 50 年代末期以来，芝加哥、纽约等城市相继提出"奖励性区划规定"（zoning bonus），从经济维度切入[15, 16]，规定开发商如果能提供必要的公共空间，如广场、绿地、人行通道等，就能获得相应的容积率奖励。20 世纪 80 年代开始，区划法的内容改革更是灵活多样，如土地混合使用条例、滨水区区划条例、特别意图区区划条例、开发权转移、基于新城市主义和形态规划的区划变革等，区划在城市开发管理中扮演的角色日趋重要。

美国区划的主要内容一般包括：确定用地性质、规定地块开发强度、提出环境与设施的建设要求等。区划法通常包括不可分割的两部分内容，即区划文本和图则。区划文本用于阐述区划的设定情况、城市用地与开发管理规定等，主要包括以下章节：①制定区划的目标和原则；②规定与定义；③区划分区；④区划总则；⑤合法例外；⑥居住用地开发控制；⑦商业用地开发控制；⑧工业用地开发控制；⑨区划行政等内容。区划图则用来标明区划地块的位置、边界、用地性质等，定量指标则由文本进行规定。

美国的区划条例依管控办法通常分为两种类型：功能性区划（use zoning）和条件性区划（area zoning）（图 1-9）。功能性区划将城市划分为不同区域，并规定各区域允许的土地使用类型；条件性区划详细规定了地块的尺寸、建筑高度和后退红线距离要求等。美国区划法采用的一些技术方法对完善我国控制性详细规划编制具有启示性[14,17]：

（1）规划单元开发（planned unit development）

将一定范围的用地区域（而非单个地块）作为整体单元进行规划审批，单元内的地块在开发强度和用途上可以各有差异。规划单元开发的做法有助于突破单个地块的边界局限，从更大范围的整体设计和总体平衡来实现地区建设的综合开发目标，使得城市对局部片区的管控更加系统、弹性和富于创造性。

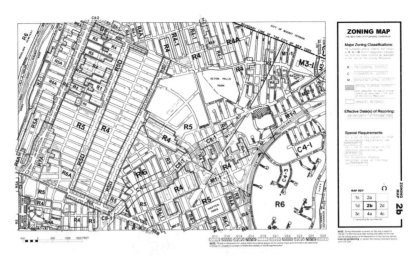

图 1-9　美国纽约功能性区划图则示意

资料来源：http://www1.nyc.gov/assets/planning/download/pdf/zoning/zoning-maps/map2b.pdf.

（2）奖励分区（incentive zoning）

鼓励开发者在提供公共福利、公共物品，保障公共利益的前提下，可以获得相应的地块开发建设面积奖励（图 1-10）。奖励分区提高了地块开发强度，一方面保证了开发商的经济利益，同时也为城市居民赢得了更多的公共空间、公共设施和更好的城市环境。

（3）开发权转移（transfer of development right）

开发权转移是保护历史地区等特殊地区不被高强度开发所破坏的一种技术方法。在这类地区中，业主为保护现状而损失了潜在的容积率收益，因此通过开发权转移，允许业主将这些损失的容积率转移到其他可开发地块，或者专卖给其他开发商来保护业主经济利益不受损失。

（4）包容性分区（inclusionary zoning）

为了促进城市不同收入家庭之间的和谐与混合，政府与开发商进行谈判，通过给予开发者一定的利益补偿，鼓励开发商为低收入家庭建设住宅，并低价出售给低收入家庭使用，以此避免城市的居住分异和绅士化现象。

（5）特别意图区（special zoning district）

特别意图区的设立可以帮助解决城市中一些特殊地区的特殊问题，例如历史街区、城市中心区、生态保护区、土地混合利用区等。设置特别意图区，可以将城市中特殊地区的土地利用管控要求和方法与一般性的土地利用管控分离出来，独立进行规划和区别对待。

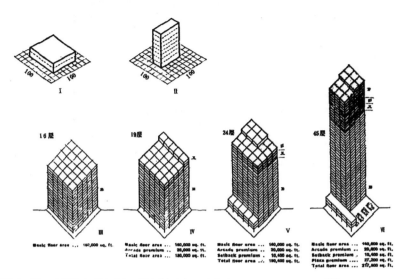

图 1-10　1957 年芝加哥区划条例对容积率的定义及三种奖励规定[18]

　　注:图 I、II 表示不同容积率的不同建筑布局;图 III，16 层，基本楼板面积;图 IV，19 层，提供连拱廊可得奖励;图 V，24 层，提供连廊可得奖励 + 建筑后退可得奖励;图 VI，45 层，提供连廊可得奖励 + 建筑后退可得奖励 + 提供广场可得奖励。

　　（6）形态条例（form-based codes）

　　在区划制定中，针对公共空间布局、建筑形式等提出详尽的控制规定，这种"形态导向"的区划做法为创造明确意图驱动下的建成环境形态提供了途径保障，在推进新城市主义、传统邻里开发规则、精明增长等理念的落地起到了积极作用（图 1-11）。

　　（7）城市设计导则与城市设计审查（urban design review）

　　将城市设计导则融入区划并合理设置相应的城市设计审查程序，是当前美国区划变革的重要方向之一。通过在区划条例中明确需要参照、使用或满足城市设计导则的情况，规定项目开发必须经由的城市设计审查程序，可以使区划对城市空间的管控从土地利用走向更加丰富的形态管控（图 1-12）。

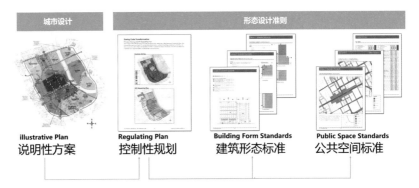

图 1-11 基于形态设计准则的控制性规划管控内容

资料来源: http://formbasedcodes.org/codes/downtown-code-nashville-tennessee/

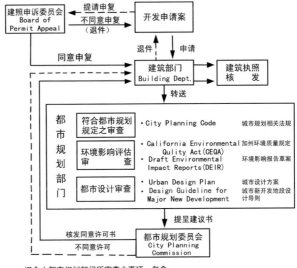

图 1-12 美国旧金山的城市设计审查流程 [19]

1.5 控制性详细规划的法定编制要求

在国家层面上,一系列法律法规规定了控制性详细规划编制的基本要求。其中,《城市规划编制办法》是对"总体规划"和"详细规划"两个规划层次在编制要求、编制内容与编制组织等方面做出具体规定的重要部门规章，自中华人民共和国成立以来已修订四次。对比 1991 年版本与 2005 年版本《城市规划编制办法》的区别，可以明确看出新编制办法更加强化规划编制的科学性与系统性，强调规划主体的多元化，并深化规划由技术文件转向公共政策等方面的变革。表 1-2 比较了新旧城市规划编制办法中对控制性详细规划编制的相关规定，从中可以看出，新编制办法要求的控规编制的主要内容包括：①用地界线，各类用地内适建、不适建或者有条件地允许建设的建筑类型；②各地块建筑高度、建筑密度、容积率、绿地率等控制指标；③公共设施配套要求、交通出入口方位、停车泊位、建筑后退红线距离等要求；④各地块的建筑体量、体型、色彩等城市设计指导原则；⑤地块出入口位置、停车泊位、公共交通场站用地范围和站点位置、步行交通以及其他交通设施；⑥各级道路的红线、断面、交叉口形式及渠化措施、控制点坐标和标高；⑦市政工程管线位置、管径和工程设施的用地界线，进行管线综合。确定地下空间开发利用具体要求；⑧土地使用与建筑管理规定。

表 1-2　新旧城市规划编制办法对控规编制的相关规定[20]

内容	城市规划编制办法（1991）	城市规划编制办法（2005）
组织编制部门	设市城市：规划行政主管部门 建制镇：镇人民政府	城市人民政府建设主管部门（城乡规划主管部门）
编制依据	总体规划或分区规划	总体规划或分区规划
编制任务	控制建设用地性质、使用强度和空间环境，作为城市规划管理的依据，并指导修建性详细规划的编制	考虑相关专项规划的要求，对具体地块的土地利用和建设提出控制指标，作为建设主管部门作出建设项目规划许可的依据
编制成果	• 文件：包括规划文本和附件，规划说明书及基础资料收入附件。规划文本中应当包括规划范围内土地使用及建筑管理规定； • 图纸：规划地区现状图、控制性详细规划图纸。图纸比例为 1/2000 ~ 1/1000	包括规划文本、图件和附件。图件由图纸和图则两部分组成，规划说明、基础资料和研究报告收入附件

内容	城市规划编制办法（1991）	城市规划编制办法（2005）
编制 内容	• 用地界限，各类用地内适建、不适建或者有条件地允许建设的建筑类型； • 各地块建筑高度、建筑密度、容积率、绿地率等控制指标；交通出入口方位、停车泊位、建筑后退红线距离、建筑间距等要求； • 各地块的建筑体量、体型、色彩等要求； • 各级支路的红线位置、控制点坐标和标高； • 工程管线的走向、管径和工程设施的用地界线； • 土地使用与建筑管理规定	• 用地界线，各类用地内适建、不适建或者有条件地允许建设的建筑类型； • 各地块建筑高度、建筑密度、容积率、绿地率等控制指标；确定公共设施配套要求、交通出入口方位、停车泊位、建筑后退红线距离等要求； • 各地块的建筑体量、体型、色彩等城市设计指导原则； • 地块出入口位置、停车泊位、公共交通场站用地范围和站点位置、步行交通以及其他交通设施；各级道路的红线、断面、交叉口形式及渠化措施、控制点坐标和标高； • 市政工程管线位置、管径和工程设施的用地界线，进行管线综合；确定地下空间开发利用具体要求； • 土地使用与建筑管理规定
强制 内容	无	各地块的主要用途、建筑密度、建筑高度、容积率、绿地率、基础设施和公共服务设施配套规定
公众 参与	无	在编制中应当采用公示、征询等方式，充分听取规划涉及的单位、公众的意见。对有关意见采纳结果应当公布
规划 调整	无	详细规划调整应当取得规划批准机构的同意。规划调整方案，应当向社会公开，听取有关单位和公众的意见，并将有关意见的采纳结果公示

中华人民共和国住房和城乡建设部发布的《城市、镇控制性详细规划编制审批办法 (2011 年 1 月 1 日起试行)》中对控规编制提出了更加详尽的规定（表 1-3），包括：①城市、县、镇人民政府作为组织编制机构，并委托具备相应资质等级的规划编制单位承担控规的具体编制工作；②编制需要考虑的综合要素及相关关系处理；③以城镇总体规划与相关标准规范等作为编制依据；④以用地性质、容积率、建筑高度、绿地率等用地指标，基础设施、公共服务设施、安全设施等设施要求，城市"四线"及其控制要求为核心的规划编制内容；⑤包括文本、图表、说明书以及必要的技术研究资料在内容的控规成果构成；⑥差异化的大、特大城市以及镇的控规编制方法处理；⑦分期、分批编制，重点地区及特殊需求地区优先编制的控规编制计划。该办法针对控制性详细规划的审批，明确城市与县的控规由本级人民政府批准后，报本级人民代表大会常务委员会和上一级人民政府备案，镇的控规由镇人民政府报上一级人民政府审批的基本程序，以及相关的规划审查、意见征询、成果公布、控规动态维护与数据化管理、控

规修改等规定性内容。

表1-3 《城市、镇控制性详细规划编制审批办法》的控规编制要求规定

内容	要求	具体规定
组织编制机构	城市、县、镇人民政府组织编制	• 城市、县人民政府城乡规划主管部门组织编制城市、县人民政府所在地镇的控制性详细规划;其他镇的控制性详细规划由镇人民政府组织编制; • 组织编制机关应当委托具备相应资质等级的规划编制单位承担控制性详细规划的具体编制工作
考量要素	综合要素考量、相关关系处理	• 编制控制性详细规划,应当综合考虑当地资源条件、环境状况、历史文化遗产、公共安全以及土地权属等因素,满足城市地下空间利用的需要,妥善处理近期与长远、局部与整体、发展与保护的关系
编制依据	城镇总体规划、相关标准规范等	• 编制控制性详细规划,应当依据经批准的城市、镇总体规划,遵守国家有关标准和技术规范,采用符合国家有关规定的基础资料
编制内容	用地性质、用地指标、相关设施及城市"四线"	• 土地使用性质及其兼容性等用地功能控制要求; • 容积率、建筑高度、建筑密度、绿地率等用地指标; • 基础设施、公共服务设施、公共安全设施的用地规模、范围及具体控制要求,地下管线控制要求; • 基础设施用地的控制界线(黄线)、各类绿地范围的控制线(绿线)、历史文化街区和历史建筑的保护范围界线(紫线)、地表水体保护和控制的地域界线(蓝线)等"四线"及控制要求
编制方法选择	大、特大城市:划定规划控制单元,编制单元规划;镇:调整或减少控制指标和要求,或与镇总体规划编制结合	• 编制大城市和特大城市的控制性详细规划,可以根据本地实际情况,结合城市空间布局、规划管理要求,以及社区边界、城乡建设要求等,将建设地区划分为若干规划控制单元,组织编制单元规划; • 镇控制性详细规划可以根据实际情况,适当调整或者减少控制要求和指标。规模较小的建制镇的控制性详细规划,可以与镇总体规划编制相结合,提出规划控制要求和指标
成果构成	文本、图表、说明书以及必要的技术研究资料	• 控制性详细规划编制成果由文本、图表、说明书以及各种必要的技术研究资料构成;文本和图表的内容应当一致,并作为规划管理的法定依据
意见征询	控规草案编制完成后应予以公告,并征询专家和公众意见	• 控制性详细规划草案编制完成后,控制性详细规划组织编制机关应当依法将控制性详细规划草案予以公告,并采取论证会、听证会或者其他方式征求专家和公众的意见; • 公告的时间不得少于30日;公告的时间、地点及公众提交意见的期限、方式,应当在政府信息网站以及当地主要新闻媒体上公布
编制计划	分期、分批编制,重点地区及特殊需求地区优先编制	• 控制性详细规划组织编制机关应当制订控制性详细规划编制工作计划,分期、分批地编制控制性详细规划; • 中心区、旧城改造地区、近期建设地区,以及拟进行土地储备或者土地出让的地区,应当优先编制控制性详细规划

内容	要求	具体规定
规划审批	城市与县：本级人民政府批准后，报本级人民代表大会常务委员会和上一级人民政府备案； 镇：由镇人民政府报上一级人民政府审批	• 城市的控制性详细规划经本级人民政府批准后，报本级人民代表大会常务委员会和上一级人民政府备案； • 县人民政府所在地镇的控制性详细规划，经县人民政府批准后，报本级人民代表大会常务委员会和上一级人民政府备案。其他镇的控制性详细规划由镇人民政府报上一级人民政府审批； • 城市的控制性详细规划成果应当采用纸质及电子文档形式备案

资料来源：根据《城市、镇控制性详细规划编制审批办法》(2011 年 1 月 1 日起试行) 相关内容整理。

在国家法律法规、技术标准对控制性详细规划作出的各项规定之外，一些城市和地区从本地的城市规划建设与管理特点出发，出台了省 / 市级的地方性法规、技术标准、管理规范等（表 1-4），进一步细化和明确了本地域范围内控制性详细规划编制的详细要求和具体做法。例如《湖北省控制性详细规划编制技术规定（1998 年）》《广东省控制性详细规划管理条例（2004 年）》《江苏省控制性详细规划编制导则（2012 年修订）》《南京市控制性详细规划编制技术规定（2005 年）》《广州市控制性详细规划编制技术规定（2006 年）》（表 1-5）、《杭州市控制性详细规划编制技术规定（2010 年）》《北京市控制性详细规划编制审批管理办法（2011 年）》《上海市控制性详细规划制定办法（2015 年）》（表 1-6）等。

表 1-4　上海控制性详细规划相关的主要地方法律法规建设

文件名称	施行时间
《上海市城乡规划条例》	2011 年
《上海市控制性详细规划制定办法》	2015 年
《上海市控制性详细规划管理规定》	2011 年
《上海市控制性详细规划技术准则》	2011 年（2016 修订）
《上海市控制性详细规划操作规程》	2011 年
《上海市控制性详细规划成果规范》	2011 年
《上海市城市详细规划编制审批办法》	废止

这些地方性法规和技术文件等对控制性详细规划在组织、编制、审批、实施等方面作出的具体规定，是地方城市开展相关控规的直接要求和具体依据，往往更加细致而明确地确定了地方上控规编制的形式、内容和要求等，是规划技术人员在编制本地控制性详细规划时必须了解和掌握的内容。

表 1-5 《广州市控制性详细规划编制技术规定》的内容框架摘要
（广州市城市规划局，2006 年 8 月）

1 总则
2 控制性详细规划的内容
  2.1 资料收集和现状调研
  2.2 规划的主要内容
3 控制性详细规划的成果要求
  3.1 控制性详细规划的成果构成
  3.2 法定文件的成果构成及深度要求
    3.2.1 文本的主要内容
    3.2.2 规划管理单元导则的主要内容
  3.3 管理文件的成果构成及深度要求
    3.3.1 通则的主要内容
    3.3.2 规划管理单元地块图则
  3.4 技术文件的成果深度及深度要求
    3.4.1 基础资料汇编的主要内容
    3.4.2 说明书的主要内容
    3.4.3 技术图纸的主要内容
    3.4.4 公众参与报告的主要内容
4 控制性详细规划成果计算机数据标准
  4.1 电子文件格式和命名
  4.2 制图制表规范
    4.2.1 AutoCAD 图形文件一般规定
    4.2.2 AutoCAD 图形文件中图层名称、线型及颜色
    4.2.3 公共服务设施符号
    4.2.4 市政公用设施符号
    4.2.5 交通设施符号
    4.2.6 控制性详细规划图则 JPG 格式文件 规定
  4.3 控制性详细规划图则建库文件的数据标准
    4.3.1 建库文件和内容要求
    4.3.2 规划信息编码原则
    4.3.3 规划控制指标表
  4.4 其他规定

资料来源：根据《广州市控制性详细规划编制技术规定》（2006）整理。

表 1-6 《上海市控制性详细规划制定办法》的地方特色内容选摘
（2015 年 9 月 11 日上海市人民政府令第 34 号公布）

《上海市控制性详细规划制定办法》经 2015 年 9 月 7 日上海市人民政府第 92 次常务会议通过，2015 年 9 月 11 日上海市人民政府令第 34 号公布。该《办法》共 27 条，自 2015 年 11 月 1 日起施行。

第三条（原则要求）：制定控制性详细规划应当综合考虑中长期经济社会发展需要、资源条件、环境状况、人文因素和公共安全，体现保障社会公众利益、提高城市生活质量和环境质量、保护城市基本生态和城市历史风貌的总体要求。

第七条（地区规划师）：本市探索建立地区规划师制度。在编制指定地区的控制性详细规划过程中，市规划行政管理部门可以委托注册规划师，对控制性详细规划编制进行技术指导。前款关于确定指定地区和委托注册规划师的具体管理办法，由市规划行政管理部门另行制定。

第十条（编制依据）：编制控制性详细规划应当符合经批准的城市总体规划、分区规划、郊区区县总体规划、单元规划和新城、新市镇总体规划，遵守控制性详细规划的管理规范和技术标准。

第十一条（编制范围）：控制性详细规划的编制和修改范围，应当是一个或者数个控制性详细规划编制单元，最小不得小于一个完整街坊。

第十二条（编制计划）：市规划行政管理部门应当制定全市控制性详细规划年度编制计划，并抄送市和区、县相关专业管理部门。区、县规划行政管理部门应当提出年度控制性详细规划编制需求，征求区、县相关专业管理部门意见，经区、县人民政府同意后报市规划行政管理部门，纳入全市控制性详细规划年度编制计划。控制性详细规划年度编制计划应当与本市社会经济发展规划、近期建设规划和土地储备计划等相协调。

第十五条（专项规划的协同）：规划研究明确需编制或者修改专项规划的，相关专业管理部门应当会同规划行政管理部门同步组织编制或者修改相关专项规划。线性市政基础设施及其配套设施专项规划按照本办法规定的控制性详细规划的要求审批的，可以作为控制性详细规划。除前款规定的情形外，控制性详细规划组织编制机关应当对相关专业管理部门提供的专项规划进行综合平衡后，纳入控制性详细规划。

第十七条（规划成果）：控制性详细规划成果包括普适图则和规划文本。特定区域和普适图则中确定的重点地区还应当根据城市设计或专项研究等成果编制附加图则。编制控制性详细规划文本，应当明确图则所表示的控制要素；对相关指标实行弹性控制的，还应当明确弹性控制指标的执行规则。

第二十二条（规划弹性控制）：对相关指标实行弹性控制的，市和区、县规划行政管理部门应当按照控制性详细规划文本明确的执行规则和相关技术准则明确的适用要求，通过专家、相关专业管理部门论证或者编制控制性详细规划实施方案等方式，确定规划具体控制指标，并根据相关规范更新图则。

资料来源：根据《上海市控制性详细规划制定办法》（2015）整理。

第 2 章 控制性详细规划编制的基本认识

控制性详细规划主要以规划单元、地块的用地使用控制和环境容量控制、建筑建造控制和城市设计引导、市政工程设施和公共服务设施的配套，以及交通活动控制和环境保护规定为主要内容；并针对不同地块、不同建设项目和不同开发过程，应用指标量化、条文规定、图则标定等方式对各控制要素进行定性、定量、定位和定界的控制和引导[21]300-303。在编制具体的控制性详细规划之前，应了解控规编制的主要步骤、工作层次、指标体系、成果要求等基本内容。

2.1 控规编制的主要步骤

根据项目委托的工作任务要求，编制控制性详细规划的一般工作步骤包括：项目准备；现状调查、资料收集与综合分析；城市设计与专题研究；规划方案制定；规划审查／审批、公示与意见征询；材料归档与服务保障等。

（1）项目准备

充分了解项目委托方的需求，摸清规划项目的自身特点及已经具备的规划编制条件（如项目所处地域的特色、规划编制的规模与深度、基础资料齐备情况等），通过签订规划合同明确双方的权利与义务（如时间安排、成果要求、报酬与支付方式、双方责权、知识产权与保密协定、违约处罚与争议解决等）。在此基础上，确定控规编制的详细项目工作计划，组织安排参与人员和技术团队建构。控规编制涉及的领域十分综合，因此专业技术人员配置应该包括社会经济、规划设计、历史保护、道路交通、市政设施、公共服务设施等多个维度。

（2）现状调查、资料收集与综合分析

控制性详细规划编制应当对所在城市的建设发展历史、现状基本情况、上位规划、专项规划、城市建设需求等进行深入的资料收集和调查研究（可汇总形成基础资料汇编），取得准确翔实的资料和一手的田野调查信息并开展综合分析，为下一步编制规划方案奠定基础。主要的现状调查与基础资料收集内容参见表2-1。需要注意的是，基础资料收集除了用地与人口、自然社会经济条件、市政工程、道路交通、公共设施、历史文化等信息外，还应收集相关的上下位规划与专项规划，整理国家和地方控规制定的相关法规要求和技术标准，以及规划区内建设项目审批的情况资料等。针对规划地段及其周边地区开展现场踏勘时，要做好文字、图纸与照片记录——特别是与现状土地利用、建筑建设、公共设施、市政设施以及道路交通等测绘图或其他基础资料有出入、资料缺失的现场信息，并标注好规划问题与需求情况。现场调查过程中应走访相关部门和主要利益相关者，开展有针对性的集体与个体访谈，通过多主体参与的方式征询相关部门、片区主要单位和主要利益相关人等的建设意见与需求。

表 2-1　控制性详细规划现状调研与资料收集的基本内容

工作	细分	主要内容
基础资料收集	基础信息	• 规划地区自然条件及历史资料，包括气象、水文、地质、城市历史等； • 规划区内现状人口的规模、空间分布及年龄、职业等构成情况资料； • 规划区土地利用现状（用地性质、使用权属及边界）与土地经济、社会经济统计数据、重要企事业单位情况等技术经济资料； • 现有居住、工业、重要公共设施、城市基础设施和园林绿地、风景名胜等重要功能区域和特定地段的现状情况资料及发展要求； • 城市公共设施的类型、规模与空间分布，基础工程设施的类型、厂站、管网、规格、走向等综合资料，城市五线的划定和实施情况； • 城市历史文化遗产的种类、数量、名录、空间分布、保护现状等； • 地下空间利用与人防、消防等情况资料； • 城市环境及其他资料等
	相关规划	• 总体规划等上位规划（对规划区的要求）； • 与本规划区有关的已审批的规划； • 其他相关专项规划的要求等
	技术规范	• 国家：国家规划管理部门出台的规划编制办法、城市绿线/黄线/紫线/蓝线等管理办法，与市政工程、道路交通、公共服务设施配套等相关的技术规范等； • 地方：省或市出台的控规编制办法、技术规范、成果要求及审批规定等；与市政工程、道路交通、公共服务设施配套等相关的技术规范
	项目审批	规划管理审批信息：包括规划区范围内的城市建设用地划拨资料、已批修建性详细规划、已批规划用地许可证及其规划设计条件和建筑放线验线资料等

工作	细分	主要内容
现场调查	现场踏勘	针对规划地段及其周边地区开展现场踏勘，做好文字、图纸与照片记录。对现状的土地利用、建筑建设、公共服务设施、市政公用设施、公共安全设施以及道路交通情况等进行现场考察，记录与测绘图或其他基础资料有出入、资料缺失的现场信息等，标注问题与需求情况
	意见征询	走访相关部门和主要利益相关者，开展有针对性的集体与个体访谈，征询相关部门、片区主要单位和主要利益相关人等对建设的需求和意见。建议积极通过公众参与的方式（现场访问、问卷调查等），增加信息收集的深度与广度

（3）城市设计与专题研究

根据规划项目的具体情况，针对一些重要的控规编制项目，项目组在直接制定控规方案之前，通常都会开展相应的城市设计研究及重要敏感问题的专题研究，以帮助解决控规编制面临的主要问题与挑战[22]，以及形成空间结构、形态塑造、开发强度管控与设施配套要求等方面的关键性结论，减少方案形成过程中可能走的弯路。总体上，为弥补过去控规过于关注"二维"用地指标与点线管控上的不足，通过城市设计增加控规的"三维"空间引导内容，已经成为当前控规编制的重要变革趋势[23]——"城市设计结合控规"的编制流程和方法在控规实践项目中变得十分常见（图2-1）。

（4）规划方案制定

规划技术人员基于现状分析、城市设计与专题研究的结论，通过多方案构思和比选确定控规的初步方案。在与委托方、专家、相关部门、业主等充分进行方案沟通的基础上，经过往复的"修改调整—意见反馈—修改调整"逐步形成确定方案，并依此编制完成控规成果草案，依程序审查与修改完善后提交。控规的方案编制是一个复杂的思维过程（图2-2，图2-3）：通常先从现状和规划实施出发，确定规划编制的理念走向（新区开发型还是存量规划型、创新设计为主还是尊重现状为主）；然后判读上位规划以明确规划区的主要发展定位与人口/用地规模等；从梳理道路路网和构思规划区空间结构入手，在搭建合理的道路交通网络基础上，确定不同片区的用地功能定位与建设走向；随后细化方案的景观与公共开放空间系统，设定开发强度/高度/密度控制分区、确定"五线"及其控制要求等，并配套相关的公共服务设施、市政公用设施与公共安全设施；最后，划定街区/地块边界并制定分区与编号图，完成规划单元和地块层面的图则

图 2-1　北京大栅栏地区结合城市设计开展的历史街区控制性详细规划 [24]

现状分析	●现场踏勘和基础资料收集，总结人、地、房情况，完成现状图绘制，分析现状问题
规划及实施情况分析	●已有规划梳理：上位规划，相关规划，存在哪些问题 ●实施情况分析：保留现状／可改造／存在哪些问题
思路及原则	●解决问题的思路、规划原则等（尊重现状／创新超前）
规划方案	●性质：确定发展目标、功能定位 ●规模：确定总规模（人口、用地） ●布局：·结构—功能分区 　　　　·骨架—路网 　　　　·血脉—水系、高压走廊、铁路等 　　　　·肌肉—用地布局（建设强度） 　　　　·穴位—公共设施（系统性）、大型市政基础设施选址
成果及应用	●成果完善：文本、图则、规划说明、规划图纸 ●实施建议

要注意现状与规划的衔接

图 2-2　控规方案编制的思维框架与要点导图 [25]

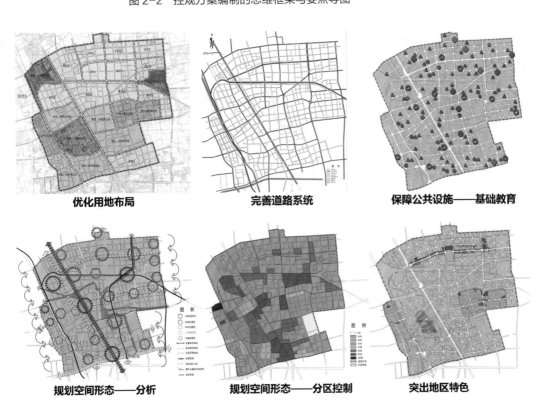

优化用地布局　　　　　完善道路系统　　　　　保障公共设施——基础教育

规划空间形态——分析　　规划空间形态——分区控制　　突出地区特色

图 2-3　北京某边缘集团控制性详细规划方案示意 [25]

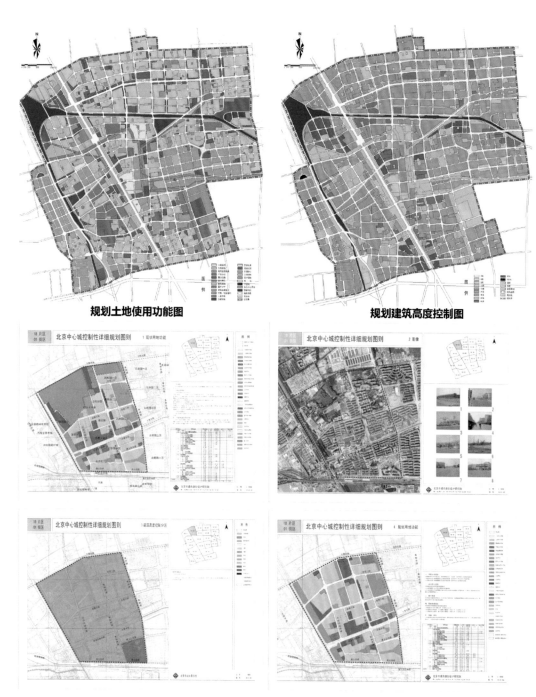

规划土地使用功能图　　　　　　　　　　　　规划建筑高度控制图

图2-3 （续图）

制定，以及文本和说明书等的撰写。

（5）规划审查 / 审批、公示与意见征询

规划方案的审查、审批、公示与意见征询过程，并不是规划编制完成之后的独立阶段，而是渗透在规划方案制定的全过程中。表 2-2 总结了上海、广州、深圳、南京、武汉几个城市对控规编制不同阶段成果的审查、公示、审批要求及组织单位等规定。从中可以看出，控规编制过程涉及专家审查、分层级主管部门审查、社会审查等多个环节，需要通过多层次与多维度的把关和广泛的意见征询来保证成果方向的正确性、内容的合理性以及规划的可实施性。

表 2-2　不同城市控制性详细规划的技术审查制度比较 [26]93, 94

城市	控规编制阶段	具体工作	审查性质
上海	研究（评估）报告	市局详规处会同编审中心、组织专家、市级相关部门和局内相关处室审议	市局、编审中心、专家、市级部门联审
	初步方案	区县规土局负责，开展规委专家咨询，听取区县部门意见，市局详规处和编审中心参加	分局审查区县部门联审
	修改方案	• 市局详规处组织市级单位和局内各处室会审 • 涉及重要地区或重大问题，召开专家咨询会 • 通过后进行公示，征求社会意见	市局审查、市级部门会审、专家审查、公众审查
	草案	• 编审中心进行技术审查 • 涉及疑难问题，可组织局内相关处室会审 • 通过后，提交市级相关部门反馈意见 • 规委会专题会议审议	编审中心审查规委会审议
	报审稿	• 市编审中心初步审核，市局详规处终审 • 通过后，报政府审批	编审中心初审市局终审
广州	现状调研报告	分局、市规划编研中心负责，区县部门参与	分局初审编研中心二审
	初步方案	市规划编研中心负责 • 对方案进行符合性审查和技术性审查 • 发文征求区县政府及其相关部门意见 • 组织进行专家评审会 • 征求市局各处室的意见	编研中心二审区县部门审查专家审查市局处室审查
	修改方案	市规划编研中心负责，区政府及其各部门、市局各处室参与	编研中心审查区县部门联审
	草案	市局技术审查、局业务会审查，通过后公示	市局技术审查
	草案修改稿	发展策略委员会审议，公众、媒体可申请旁听	委员会审议
	报批稿	编研中心审核	

城市	控规编制阶段	具体工作	审查性质
深圳	现状调研报告	分局负责，征询街道办、区属部门等基层意见	分局与基层审查
	初步方案	分局规划负责、分局各科室会议联审 市局规划处负责，将方案发局技委成员部门初审	分局初审 市局二审
	修改方案	市局规划处组织，召集部门审查会议，相关处室、分局相关科室、发展研究中心参加。通过后，提交总师室申请局技术委员会审查	市局审查 局技术委员会审查
	草案	公示，市局规划处征询市属部门意见，分局征询基层部门意见，局技委会议审议公益意见	社会审查
	草案修改稿	图则委审查、审批	审批机关审查
	报批稿	编制单位负责人签字，发展研究中心审核	研究中心审查
南京	初步方案	规划分局组织，市规划局分管领导、区县政府参加，并征求市局各个部门意见	分局审查 市局部门联审
	修改方案	规划分局组织召开专家评审会或咨询会，市局各处室及编研中心参加	
	草案	• 市局规划项目审查会审查，会议由局长、分管副局长、总共、责任处室参加，为技术决策会 • 通过后进行公示，征求社会意见	市局技术委员会审查 社会审查
	报审稿	市重大项目规划审批领导小组审议，通过后报批	政府审查
武汉	初步方案	市规划局控规编制技术小组预审 规划分局及局内相关处室同步初审	技术小组预审 分局初审
	修改方案	• 市规划局控规编制技术小组复核 • 市局技委会或专题会审查，分局负责人参加	技术小组复核 局技委会审查
	草稿	公示，征求社会意见 武汉规划委控规－法定图则委员会审议	社会审查 规委会审议
	报批稿	市局规划处会同相关处室、规划分局组织验收	市局处室联审

注：表中市局指市规划主管部门，分局指区县级规划主管部门。

（6）材料归档与服务保障

即为控规成果的最终报批归档等提供合格的材料，并为控规实施提供持续的后继跟踪服务，协助项目委托方推进控规成果的实施、调整与监督等。

2.2 控规编制的方法演进

自 20 世纪 80 年代我国出现控制性详细规划编制的启蒙实践以来，控制性详细规划的编制方法与规划技术处于不断的修正完善和持续演进中[27]。不同时期的控规编制及其成果表达具有该时期的特征烙印，因此用动态发展与探索创新的眼光理解控制性详细规划的编制工作及其方法十分重要。

从北京来看,其中心城区控制性详细规划的发展大致经历了"99"控规、2006 年控规(2009 年控规整合)、2017 年控规修编等几个重要节点阶段(图 2-4,图 2-5),期间伴随着复杂的规划检讨、反思提升、动态维护等历程探索。

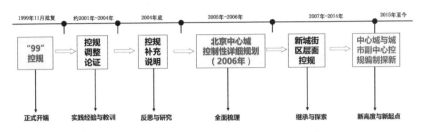

图 2-4　北京市控制性详细规划探索历程(根据文献 [25] 改绘)

1999 年版

2006 年版

图 2-5　北京市中心城历版控制性详细规划

资料来源:北京市规划委员会,北京市区中心地区控制性详细规划(1999 年)、北京中心城控制性详细规划(2006 年)规划成果。

改革开放后,北京进入城市快速发展期,1995 年开始编制的"99"控规(《北京市区中心地区控制性详细规划》)为适应市场经济的新要求而出现,是对当时修订完成的《北京市城市总体规划(1991—2010 年)》的贯彻落实,是北京中心城区规范各项城市建设的依据。"99"控规采用了通则式规定,设定的八项管控指标均为《城市规划编制办法》的要求内容[①]。然而，由于规划编制的深度不够，对城市设计、经济与开发之间关系等问题的研究深度不够，其作为规划管理依据的权威性受到一定影响，导致控规调整项目频繁出现，城市为此出台了系列控规实施管理的相关规定[②]。

《北京城市总体规划（2004—2020年）》发布之后，北京立即着手编制和修改"99"控规。2006控规（《北京中心城控制性详细规划》）以建设宜居城市为导向，旨在深化城市总体规划，为城市管理审批建设项目提供法规文件，为城市土地投放提供基本规划依据，并保障经济社会活动的公平公正[③]。基于"总量控制"和"分层规划"的编制新思路，北京2006控规探索了"规划编制单元"理念基础上的"片区—街区—地块"控规体系，逐级分解落实总体规划中规划总量（人口容量、建筑总量等）和各级各类城市基础设施、公共服务设施及公共安全设施（简称"三大公共设施"）的配置等[28]，借助弹性结合刚性的技术变革实现了对控规编制的系统梳理和路径提升。

2007年，北京探索建立了中心城控规动态维护机制，通过制定统一的工作标准和工作程序，对既定的城市规划进行适当调整并对调整结果进行定期评估，以此实现对城市规划的动态优化和完善[29] 2-6,[30] 2-6。该年北京市政府批准了顺义、通州、亦庄等11个新城的控规编制成果（街区层面），为完善北京市控规体系、探索具有首都特色的控规编制体系与方法作出了

---

① 主要指标分别为用地编码、用地性质、用地面积、绿地率、容积率、建筑高度、建筑密度和居住人口密度。

② 根据文献[20]整理，规定包括《北京市区中心地区控制性详细规划实施管理办法（试行）》《实施"北京市区中心地区控制性详细规划实施管理办法"细则》《北京市区中心地区控制性详细规划指标调整的技术管理要求（试行）》，内容涵盖控规实施的主管部门、实施的具体办法、实施过程中的公众参与、相关的权限和责任以及控规调整的方法、程序及技术要求等。

③ 规划编制的重点为：控制总体规模，逐步向新城疏解人口和产业；实现旧城的整体保护，协调保护与发展的矛盾；保障城市公共利益，维护生态环境和城市安全；体现国家政治中心职能，为中央在京单位作好服务；优化产业结构，增强经济活力；完善城市交通系统，提高交通运行效率；合理布局居住地，有效控制城市人口规模；集约高效利用土地，提升土地资源的综合效益；提升城市品质，建设宜居城市；划定更新改造机遇区，统筹安排建设内容。

有益的探索。

2009 年，北京将 2006 年版控规整合为 2009 年版控规成果，并在街区层面上提出了总量控制、三大设施安排、高度分区等宏观要求，为地块层面的动态维护工作提供支撑指导和基础支持[28]。2017 年，随着《北京城市总体规划（2016—2035 年）》的颁布以及北京建设城市副中心（通州）战略的持续推进，总结近年来北京城市管理和控规实施中存在的各种问题，采用新的规划方法和技术手段研究编制中心城区、城市副中心（通州）的新版控规，已经成为当前北京城市规划工作的重中之重。

从全国范围内控规编制与管理实施的改革探索来看，为使控规更好地适应我国快速转型发展的市场化、法制化与民主化建设进程，合理配置和平衡经济社会等各方利益，有效发挥控规在城市规划管理中承担的责任，新时期我国控规编制出现了很多创新方向与变革趋势。

（1）借助控规在城市开发建设中落实生态城市、低碳城市、海绵城市等规划设计新理念[31-34]

随着低碳城市等规划新思想和新理念的不断涌现，要确实推动城市建设朝着这些新目标和新方向迈进，往往需要将相关理念指引下的城市开发建设规定和要求融入控规中，借助控规对地块开发的约束作用来具体落实。可见，以一书两证为基础的规划行政许可制度是当前我国城市规划管理实施最为直接的工具，而作为许可依据的控制型详细规划成为落实各种规划设计理念的关键载体。

（2）维护与推进控规编制的法制性与动态性

在公共行政必须有据可依的法制建设环境下，控制性详细规划在我国城市规划管理中的"准法律"地位决定了其编制与实施的严肃性和必备性。基本上，具体地块在开发建设之前都需要有控制性详细规划为其设置具体的开发条件与要求，这就要求城市建设实现控规全覆盖[35]。为了落实控规编制的全覆盖，同时避免一次性全盘规划造成的"拍脑袋"与不合理，通过"单元/街区一片区"等分层级、分片区的控规制定以及明确的控规调整程序，在动态中实现控规制定[36]、修改与完善的分步骤、分阶段进行，已经成为控规改革的常见途径。

（3）控规编制与实施中的利益协调与公平公正

控规对城市用地开发赋予的指标约束和其他管控规定等，一方面反映了公共部门维护城市公共利益的要求，另一方面设定了业主或开发商使用土地的具体开发权益，因此控规实质上是协调和约定政府、市场、公众等多元角色间利益关系的规划工具[37, 38]。这就需要控规的编制和实施以公平、公正为核心，增加公众等利益相关者的规划参与，在充分的诉求表达和利益博弈过程中，创建利益相关者维护自身合法利益以及监督城市建设的途径和机会。当前我国的控规编制工作仍然是"技术导向"的精英式规划，急需建立更加开放、包容的控规工作程序来强化公众参与[39]，有效协调利益冲突与矛盾。

（4）优化与平衡控规管理的弹性与刚性

控制性详细规划需要采用弹性与刚性相结合的管控手段，来保证土地开发管制的关键内容不被轻易改变，但同时又能适应时刻变化的市场和实际需求。如何在刚性与灵活性之间找到平衡，一直以来都是控规编制的热点和难点问题[40]。我国早期的控规制定，由于地块指标设定过于刚性而广被诟病，此后通过规划单元的开发总量控制、增加城市设计图则等途径，使得控规编制的灵活性不断得到增强。从用地性质管控来看，控规中的土地用途管制要对涉及土地资源安全和公共利益的土地利用采取严格的管理和控制，增加此类用地变更的难度，同时也应该给经济发展过程中新的产业结构调整留有余地，保持一定弹性以适应经济发展的要求[41]。

（5）探索先进数字技术在控规中的应用

随着电子信息、数字技术发展的突飞猛进，GIS、SPSS、大数据分析等技术方法在控规编制过程及成果平台建设中的积极应用[42, 43]，不仅能有效地将控规成果从传统的静态图纸转变成动态的维护平台，其强大的分析统计功能也为控规编制提供了重要决策依据，增强了土地管控指标等确定的科学性。数字技术还能将控规编制中部分繁琐而又重复的绘图工作，如地块图则编制等，转由计算机来承担，实现图纸生产和信息查询等的自动生成。

（6）存量规划时代的控规编制方法转型

过去快速城镇化背景下，适用于城市扩张进程中新城、新区建设的控制型详细规划编制办法，需要在存量规划时代向内向型、更新型的规划编制途径转型，同时注重历史文化遗产的保护与利用[44, 45]。存量型的控规编制需要处理的利益关系更加复杂、现状建设情况更加综合、产权关系和业主需求更加多元——基于"白地"的扩张式理想设计途径不再适用,因此对控规编制的沟通途径、技术方法、实施过程等提出了全新的变革要求。

(7)强化控规编制与管理的精细化建设与相关制度设计

科学合理的程序设计是控规精细化管理的重要内容,可以确保不同的参与个体在既定的规则下,公开、公平地实现各自的目标[46-48]。控规的编制与管理实施需要进一步明操作细则,建立清晰详细的责权划分、程序规定与问责制度等。与此同时,针对各类规划衔接不足这个长期困扰规划管理部门的问题,控规作为直接指导土地开发实施的法定依据,应当在城市总体规划指导下实现"多规融合"下的规则统筹,推进政府、规划师、开发商与公众等之间的沟通协调和利益对接[46]。

2.3　控规编制的工作层次与分级分类

2.3.1　工作层次：规划单元/街区与地块

20 世纪 90 年代的控制性详细规划编制探索,在对接城市总体规划的基础上,关注重点大多落在地块层面,注重各个具体地块管控指标体系的建构、赋值及其他控制要求的图示化标定。但是从宏观的城市总规到细化的微观地块控规,之间缺少中间层次的衔接桥梁和细化管控工具,导致地块控制常常无法准确反映总规要求与适应城市开发需求等情况的出现[49];并且,控规在地块层面也难以全面整合与落实基于不同尺度提出的各种专项规划要求。虽然过去分区规划部分起到了这种衔接作用,但随着 2008 年《城乡规划法》取消有关分区规划编制的相关要求之后,这种中间层次衔接工具的存在变得十分不确定。此外,控规日趋重要的规划许可依据地位,使得城市建设管理需要实现控规编制的全覆盖,但一次性推进的控规编制全覆盖会带来研究深度不足、成果科学性欠佳等隐患,因此将城市划定为不同的控规编制区(编制单元),在逐步推进单元控规编制与动态调整的过程实现控规全覆盖是更加科学现实的做法。

2000 年以来,以广州、上海、南京、北京等为代表的部分城市,积极探索跳出传统地块层级的控规编制空间工具及多层级编制办法[50]。2003 年,《上海市城市规划条例》首次明确了"控制性编制单元"（规模一般 3~5km²）的规划层次，以"控制性编制单元规划"来弥补分区规划的不足及衔接总规和控规[51]。2004 年，南京市确定了"市域一综合分区一分区一规划编制单元一图则单元一地块"的五层级地域空间划分体系，以加强各层级规划之间的衔接。北京 2006 年控规基于"总量控制、分区管理"思想，从宏观、中观、微观角度切入，实现了中心城控规编制的"中心城一片区一街区一地块"分层工作体系（图 2-6）[25]。2006 年《广州市控制性详细规划编制技术规定》提出"规划管理单元"，即结合行政街道界线、明显地理界线等因素划定的用地规模适宜、由多个规划地块所组成的规划管理范围，是控制性详细规划的基本

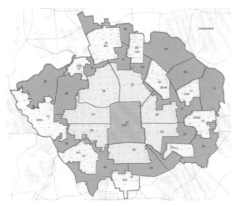

北京中心城控制性详细规划（2006 年）：
- 以城市主干道或放射路为基准，并参考行政区界等要素，将中心城范围划分为 33 个片区（每个片区平均规模为 30km²）；
- 再依据城市主次干道、绿化水体等界限，在片区基础上继续划定 300 个街区（街区规模为 2~3km²）；
- 各街区根据道路、绿地水体界限，以及现状用地权属边界等，划定作为城市具体开发单位的地块（每个地块平均规模为 3hm²）。
（左上：片区；右上：街区；右下：地块）

图 2-6 北京 2006 年控规的"中心城一片区一街区一地块"分层工作体系[25]

编制单位 [①]。2010 年，广州借助新一轮总规编制契机，又尝试提出"规划发展单元"作为控规编制区的确定依据 [52]。

2011 年住建部实施的《城市、镇控制性详细规划编制审批办法》在第十一条中明确了"规划单元"这一控规编制层次，使得规划单元作为控规编制的中观层次，在全国规划实践中得以推广（表 2-3）。概括起来，规划单元的划分应注意以下问题 [9]49：①原则上不打破行政区界限，以现状街道管线范围作为基础地理边界，以方便规划管理运作；②考虑影响空间联系性的重要物质要素，如快速路、主干道、河流、铁路、地形等；③把握均衡性原则，充分考虑地域大小、现状及规划人口规模、基础设施等因素，实现相对均衡的单元设置。具体来看，影响控规单元划定的主要因素包括：上位规划对城市片区的划分、行政边界、组团主导功能、自然地理界限、道路交通等重要城市廊道、已编和在编控规边界、公共服务设施的规模和服务半径等 [53]。

表 2-3　国内部分城市控规编制单元规模一览表 [9]49,50

城市	单元名称	单元规模 /km²
深圳	法定图则编制单元	2~4
广州	管理单元（旧城中心区）	0.2~0.5
	管理单元（新区）	0.8~1.5
北京	新城控规基本控制单元——街区	2~4
上海	控制性编制单元规划范围——社区	5 万人
	中心城控制性编制单元（内环线以内）	1~3
	中心城控制性编制单元（内外环线之间）	3~5
武汉	控规导则编制范围——控规编制单元	5~10
	控规细则编制范围——控规管理单元	0.5~1
成都	大纲图则、详细图则编制范围——标准大区	5
	个案调整范围——标准片区	1

---

① 　规划管理单元导则需要反映文本中土地利用、道路交通、公共服务设施和市政公用设施等强制性控制内容及指标。管理单元的管制需要阐明单元划分与单元主导属性、单元管制的特殊规定两方面的内容，并要制定单元规划管理表（七项主要管理指标，包括用地主导属性、总用地面积、总建筑面积、人口规模、配套设施、绿地与广场以及文物保护）。

城市	单元名称	单元规模 /km²
南京	规划编制单元	4~20
	图则单元（旧城中心区）	0.2~0.3
	图则单元（新区）	0.8~1.5
济南	控制性规划编制范围——片区	4~20
	"一张图管理"范围——街坊（旧城中心区）	0.3~0.5
	"一张图管理"范围——街坊（新区）	0.5~1
重庆	控规标准分区	2
天津	建成区	1~2
	新建区	2~4

故而，编制控制性详细规划应划定规划编制单元，然后在用地策划的基础上对编制单元进行地块划分，明确各地块的土地使用、配套设施、建筑建造、道路交通、基础设施与地下空间利用等控制要求，提出空间环境景观控制引导原则，区分管控的强制性和引导性内容①。通过不同途径建立起"规划单元－地块"的多层级控规编制体系，有助于提升控规编制在次区域管控上的整体思考，避免单个地块指标编制对整体性、全局性的忽视。北京的控规实践经验表明[25]，街区层面（规划单元）的控规制定往往是控规刚性和弹性激烈碰撞的产物，因此为了便于管控，需要提出街区总人口规模、总建筑规模、功能定位等刚性限制要求；同时为应对变化并体现弹性和灵活性，街区内用地在满足刚性控制要求、三大设施落地（公共服务设施、市政公用设施、公共安全设施）的前提下，可结合新近情况合理修改、调整与完善。

2.3.2 分类分级编制管理

城市中不同地区的现状问题、特点特色、发展需求、管控重点等往往各有不同，采用无区别、完全一致的控规编制方法和编制要求来制定城市控制性详细规划，可能会带来局部地区规划重点不突出、问题应对不准确、规划可操作性差等潜在问题。因此，在控规制定中，通过划定重点地区、特色意图区、特别管制区等方法，对城市片区实行分类别的控规编制方法

---

① 根据《河南省控制性详细规划编制导则》（2015）整理。

和要求，并提出特殊城市片区控规编制的个性需求和方向等，是对该问题的有效应对。

上海将城市规划区划分为重点地区、一般地区、发展敏感区和发展预留区来进行分类、分级的控规编制管理。重点地区执行特殊的控规编制深度和要求，分别为公共活动中心区、历史风貌区、重要滨水区与风景区、交通枢纽地区、其他重点地区五大类型，这些地区按照重要性及其空间形态对城市空间的影响程度，还被分为三级，适用于不同的城市设计研究内容要求（表2-4）。

表2-4　上海控规编制的重点地区分类分级

分类分级	一级重点地区	二级重点地区	三级重点地区
公共活动中心区	市级中心、副中心、世博会地区、虹桥商务区主功能区等	市级专业中心、地区中心、新城中心等	新市镇中心
历史风貌地区	历史文化风貌区	风貌区外全国重点文物保护单位和市级文物保护单位的保护范围和建设控制地带、优秀历史建筑的保护范围和建设控制范围等设计的街坊	风貌区外历史建筑集中的历史街区
重要滨水区与风景区	黄浦江两岸地区、苏州河滨河地区、佘山国家旅游度假区、淀山湖风景区等	重要景观河道两侧、市级和区级公共绿地及其周边地区等	
交通枢纽地区	对外交通枢纽地区	三线及以上轨道交通换乘枢纽周边地区	其他轨道交通站点周边地区
其他重点地区	经规划研究认定的其他重点地区，包括大型文化、游乐、体育、会展设施及其周边地区等		

资料来源：根据《上海市控制性详细规划技术准则》（2011）整理。

对重点地区、特别意图区、特别管制区等区域（如历史文化街区、生态敏感地区、城市 CBD）实行区别化的控规编制与建设管理，可以提升控制性详细规划制定的科学性：一方面在确保控规底线的前提下，减少控制要素，以应对未来的不确定性，增加控规的弹性 [9]；另一方面可以根据对象的特殊性，采用非普适性的控规编制和管控方法，探索具有专门对象适用性的控规编制途径。

2.4 控规编制的控制指标体系

2.4.1 控制指标体系

控制性详细规划的控制指标体系主要涉及土地用途、开发强度、环境容量、建筑建造、设施配套、道路交通、五线控制、城市设计指引等几方面（表 2-5），既有量化的规定性指标，也有以文字和图示来表征的引导性指标。控规中的各种指标有着不同含义并对应着不同的管控目的，因此城市新区、历史街区、城中村改造等差异化地区在控规编制中采用或重点强调的指标体系也往往有所不同[54, 55]。

表 2-5　控制性详细规划编制的控制指标体系主要构成

分类	控制指标
土地用途	用地边界，用地面积，用地性质，土地兼容性（混合用地）等
开发强度	强度分区（规划单元），容积率（地块），地下空间利用等
环境容量	建筑密度，居住人口密度，绿地率等
建筑建造	建筑退线，建筑面积，建筑限高，建筑层数，建筑控制线和贴线率等
设施配套	市政公用设施（给水、电力、燃气、电信、环卫等），公共设施（行政、商业、文教体卫等），公共安全设施（人防、消防、应急避难场所、防洪除涝、抗震）等
道路交通	道路红线，禁止开口路线，地块机动车出入口控制、配建停车位，社会公共停车位，公交站点，加油站等
五线控制	红线、绿线、蓝线、黄线、紫线
城市设计指引	公共开放空间、视廊与视线、建筑体量、建筑形式、建筑色彩、空间围合关系等

（1）用地性质

用地性质指按照规划建设用地分类标准（国标或地标，大、中、小类）给规划单元或地块确定的土地允许开发的主要功能（性质），如居住用地（R）、公共管理与公共服务用地（A）、商业服务业设施用地（B）、工业用地（M）、物流仓储用地（W）、道路与交通设施用地（S）、公用设施用地（U）、绿地与广场用地（G）等。

（2）建设用地面积

建设用地面积指城市规划行政部门确定的建设用地界线所围合的用地水平投影面积。

（3）容积率

容积率指一定地块内，总建筑面积与用地面积的比值，计算公式为

$$容积率 = \frac{总建筑面积（地上）}{用地面积}$$

（4）绿地率

绿地率指各类绿地总面积占用地面积的百分比（单位：%），计算公式为

$$绿地率 = \frac{各类绿地总面积}{用地面积}$$

（5）建筑密度

建筑密度指一定地块内所有建筑物的基底总面积占用地面积的百分比（单位：%），计算公式为

$$建筑密度 = \frac{建筑基底总面积}{用地总面积}$$

（6）建筑高度

建筑高度一般指建筑物室外地面到其檐口或屋面面层的高度。

（7）人口毛密度

人口毛密度指一定地域中居住人口聚集的密度，是居住区总人口除以居住区总用地面积后的数值（单位：人／公顷）。

（8）建筑退线

建筑退线指建筑物后退各种规划控制线（如规划道路、绿化隔离带、铁路隔离带、河湖隔离带、高压走廊隔离带）的距离。

2.4.2 强制性与引导性

对控规要求进行强制性（规定性）与引导性内容的划分，是为了实现控规刚性与弹性的结合，权威性与适应性的平衡等。《城市规划编制办法（2005）》规定的控制性详细规划强制性内容包括：各地块的主要用途、建筑密度、建筑高度、容积率、绿地率、基础设施和公共服务设施配套规定——这些既是控规中广受关注的几项基本性指标，也是决定地块开发强度和设施配套要求的关键内容。不同城市依据国家或地方相关技术规

范和标准对控规编制的规定，在控规强制性内容的设定上往往具有差异性（表 2-6）。总体上，当前控规强制性内容普遍涵盖（表 2-7）：①在规划单元 / 街区层面，用地主导属性与开发总量等指标作为强制性内容；②城市"五线"等控制内容为强制性；③公共设施、基础设施等公益内容为强制性；④城市设计要求主要为引导性，但特殊地区的重要城市设计要求可成为强制性内容。

表 2-6　不同城市控制性详细规划的强制性内容比较 [26]86, 87

城市	控规层次	强制性控制内容	文件归属	备注
北京	街区控规	街区主导功能、建设总量控制、三大公共设施（基础设施、公共服务设施、公共安全设施）安排	街区控规	
	地块控规	建筑密度、绿地率、特定地区和有限定条件地区的建筑控制高度	地块控规	
上海	控制性单元规划	土地使用性质、建筑总量、建筑密度和高度、公共绿地、主要市政基础设施和公用设施等	单元规划	
	控规	• 经法定程序批准纳入法定文件（包括文本和图则）的划控制要求均为规划实施的强制要求； • 普适图则应确定各编制地区类型范围，划定用地界线，明确用地面积、用地性质、容积率、混合用地建筑量比例、建筑高度、住宅套数、配套设施、建筑控制线和贴线率、各类控制线等； • 根据普适图则确定的重点地区范围，通过城市设计、专项研究等，形成附加图则，明确其他特定的规划控制要素和指标	法定文件	
深圳	法定图则	建设用地的功能组合和开发强度、基础设施和公共服务设施的布局和规模、自然生态和历史文化遗产保护。根据不同地区情况，还可包括：重点地区或其他空间管制区的城市设计控制要求、地下空间开发利用的控制要求、各地块和公共空间开发利用的其他强制性规定	法定文件	
广州	规划管理单元控制	单元的主导属性、净用地面积、总建筑面积、文物保护、配套设施的数量与用地规模、开敞空间的数量与用地规模	规划管理单元导则（法定文件）	
	单元分地块控制	—	规划管理单元图则（管理文件）	地块控规为指导性内容
南京	控规	"6211"："6"指道路红线、绿化绿线、文物紫线、河道蓝线、高压黑线和轨道橙线的六线控制；"2"是公益性公共设施和市政设施控制；"1"即高度分区；"1"即特色意图区划定和主要控制要素控制	总规	执行细则（具体地块控制指标与控制要求）为指导性

城市	控规层次	强制性控制内容	文件归属	备注
武汉	控规导则（对应控规编制单元）	编制单位的功能定位、道路红线、绿化绿线、水系蓝线、历史文化保护紫线、基础设施黄线等"五线"控制，公共配套设施控制	控规导则法定文件	人口与用地规模、基准容积率、高度分区为弹性控制
	控规细则（对应控规管理单元）	管理单元划分、用地性质控制和净用地面积和平均净容积率、"五线"控制、居住区公益性公共设施的规模和点位控制	控规细则法定文件	地块控制为弹性规划，纳入指导文件

注：上海控规强制性内容依据《上海市控制性详细规划技术准则（沪府办〔2011〕51 号发）》对原表有所修正。

表 2-7　控规内容"刚性"与"弹性"的建议性划分 [56]

层次	内容	性质	
		强制性	指导性
规划管理单元	主导属性	√	
	人口规模		√
	经营性配套设施数量	√	
	经营性配套设施规模	√	
	经营性配套设施位置		
	非经营性配套设施数量	√	
	非经营性配套设施规模	√	
	非经营性配套设施位置	√	
	开敞空间数量	√	
	开敞空间规模	√	
	开敞空间位置	√	
	净用地面积		√
	总建筑面积	√	
分地块	兼容性用地性质		√
	非兼容性用地性质	√	
	最高容积率	√	
	标准容积率		√
	最低容积率	√	
	地块编码		√
	用地面积		√
	建筑密度		√
	绿地率		√
	建筑高度		√
	机动车出入口方位		√

层次	内容	性质	
		强制性	指导性
分地块	机动车禁开口路段	√	
	停车泊位	√	
	现状建设情况		√
	规划建设状况		√
各空间层次	六线规划内容	√	
	城市设计内容		√

注：对原表内容局部有调整。

从国内部分城市控规编制的探索与实践来看，为应对《城乡规划法》对控规的新要求，控规编制总的创新思路之一是在空间上划分为编制单元—控制单元—地块几个层次，控规法定控制内容的重心放在控制单元上，地块层次上的规定性内容放到技术文件（或指导文件）中[57]。

2.5 控规编制的成果内容

2.5.1 控规的成果形式

控制性详细规划的成果要求因地方不同而具有差异，但基本上都包括图则 / 图件、文本与说明书，依情况还可能涵盖有其他基础资料、研究报告、管理文件等。《城市规划编制办法（2005）》规定控规成果包括规划文本、图件和附件；图件由图纸和图则两部分组成，规划说明、基础资料和研究报告收入附件。《城市、镇控制性详细规划编制审批办法》规定：控制性详细规划编制成果由文本、图表、说明书以及各种必要的技术研究资料构成；文本和图表的内容应当一致，并作为规划管理的法定依据。

依据《上海市控制性详细规划成果规范（2011）》的相关规定，上海市中心城、新城的控制性详细规划成果包括"法定文件"和"技术文件"两部分。①法定文件包括图则（普适图则与附加图则）和文本。图则是控规法定文件的核心内容，图则用复合的图纸形式集中表达对规划地段的刚性与弹性控制要求，确保各类公共设施、市政设施、控制线等要素落地。图则包括图、表格、图纸信息和编制信息，普适图则是通行的控规编制内容[①]，附加图则侧重对重点地区城市设计要求的反映[②]。文本是以条文的方式对图则的解释和应用说明，按法定程序批准后具有法律效力。②技术文件是制定法定文件的基础性文件，是规划管理部门执行控制性详细规划的参考文件，为修建性详细规划编制和审批、建设项目规划管理提供指导，包括基础资料汇编、说明书和编制文件。其中，基础资料汇编包括现状基础资料和现状图纸；说明书包括规划说明和规划系统图。

《广州市控制性详细规划编制技术规定（2006 年）》要求控制性详细规划的成果文件包括法定文件、管理文件、技术文件三个部分。①法定文件由文本、规划管理单元导则组成，是规定控制性详细规划强制性内容的文件。②管理文件由通则、规划管理单元地块图则组成，是城市规划行政主管部门实施规划管理的操作依据。③技术文件由基础资料汇编、说明书、技术图纸、公众参与报告组成，是规划管理单元导则和规划管理单元地块图则的技术支撑和编制基础。

2.5.2　主要技术图纸

控制性详细规划编制中需要制定的技术图纸主要包括现状分析图、规划系统图和规划图则三大类（表 2-8）。

（1）现状分析图

主要是对规划区现状信息进行空间分析的各种图纸，包括区域位置图、土地利用现状图、现状用地权属图、公共服务设施现状图、市政公用设施现状图等。为有效帮助后继控规方案的生成，现状分析类图纸可以根据地段特点，灵活选择其他关键要素和系统等开展分析，完成相应图纸，如人口现状分布图、交通拥堵现状分析图、就业岗位现状分析图、建筑高度 / 密度 / 体量 / 质量现状分析图等。

---

① 普适图则是以单元为单位出图的图纸，包含街坊编号、地块编号、用地面积、用地界线、用地性质、混合用地建筑量比例、容积率、建筑高度、住宅套数、配套设施、控制线、备注、建筑界面控制线、道路中心线控制点坐标等普适性控制要素。

② 城市重点地区应在普适图则的基础上，通过城市设计或专项研究编制附加图则，并作为法定文件的组成部分。城市发展预留区，根据需要应适时增补普适图则，亦可同步编制附加图则。

表 2-8　控制性详细规划的主要图纸构成

图纸类型	图纸构成
现状分析图	区域位置图，土地利用现状图，现状用地权属图，公共服务设施现状图，市政公用设施现状图，人口分布现状图，建筑高度 / 密度 / 体量 / 质量现状分析图等
规划系统图	土地利用规划图，地块划分编码图，空间结构规划图，道路系统规划图，绿地系统规划图，开发强度分区图，高度控制分区图，开发建设密度分区图，竖向规划图，公共服务设施规划图，市政公用设施规划图（给水、雨水与防洪、污水、供电、电信、燃气，环保环卫、管网综合等），城市设计要素图，建筑体量管控图，视线视廊控制图等
规划图则	规划单元 / 街区图则，地块图则（图则包括图、表格、图纸信息和编制信息等）

（2）规划系统图

体现整体规划方案的关键理念、空间结构特点、各项设施落地、道路系统、开发控制分区等内容的系统性图纸，例如土地利用规划图、空间结构规划图、道路系统规划图、绿地系统规划图、开发强度分区图、竖向规划图、公共服务设施规划图、市政公用设施规划图等。针对规划区，还需绘制专门的用地划分和用地编号图，以指导后续规划图则编制的工作开展。开展城市设计研究的控规成果中，还应包括与城市设计要素管控相关的各种图纸，如建筑体量管控图、视线视廊控制图等。

（3）规划图则

规划图则不是单纯一张图，而是涵盖图、表格、图纸信息和编制信息等综合内容，以图文并茂形式进行表达的一种规划图件。控规的规划图则通常分为两个层次，即规划单元 / 街区层次图则与地块图则。

2.5.3　成果动态维护

国民经济的稳定增长、城市空间结构的快速变化、社会结构的持续调整、市场与社会需求的波动改变等，都使得城市规划建设随时可能面临新的问题与矛盾。因此，在城市建设管理的实践探索中，人们越来越认识到，控规本身不应是一个固化的终极理想目标的设定，而应是一个基于资源、环境、安全承载底线要求的，适应城市经济社会发展需求而不断深化完善的动态公共政策的集合[28]。

控规成果的动态维护，当前的关键点并非规划图纸或电子文件如何及时更新、共享等制图或编制的技术问题，其实质在于如何针对控规成果的刚性和弹性内容，在长期而又具体的规划实施过程中，既严格坚持刚性内容，又能根据城市经济社会发展和实际需要逐步完善、确定或合理调整控规的弹性内容。对此，很多城市基于《城乡规划法》的相关规定，开展了控规修改管理的地方制度建设（表2-9）。各地城市将控规的局部修改工作划分为不同类型以方便管理：杭州依据调整原因将控规调整分为建设项目选址论证需要调整、近期建设需要涉及的调整、市政工程规划涉及各类工程用地边界及建设用地的调整和因专项规划需要进行的调整四类；上海、重庆、成都等地按对原规划影响的重要程度，将对原控规影响不大或一般不能带来土地利益增值的控规修改类型划定为技术性调整，其他为一般性调整；东莞将控规调整分为重大调整、一般调整和微调三类；南昌将控规调整分为技术性调整和非技术性调整，其中非技术性调整又分为一般调整和微调[58]。

北京2006版中心城区控规在实施过程中，为应对建设项目中"投资建设者与规划管理者之间对控规指标的拉锯扯锯式的谈判博弈"，通过政府各相关部门、专家学者和广大公众的参与帮助，明确了将终极目标规划调整为底线要求设置的过程规划，将控制性详细规划与动态维护机制紧密结合的基本规划思路，努力使中心城控规成为既能维护基本原则又能动态实施，又能引导控制又科学合理切实可行的公共政策[28]。动态维护工作目的是将北京中心城控规不断细化落实、总结评估、完善更新和调整修改：其工作方法是在规划管理部门内部实行集体决策和研究，在外部实行部门联审、专家评议、公众参与和行政监察①。为维护控规的严肃性，控规动态维护的基本要求是除经研究不同意调整的以外，凡拟调整控规强制性指标的，均需经过内部集体研究（包括技术论证）、外部部门联审、专家评议、公众参与（包括公示听证）4个环节（图2-7），按有关规定还要报市政府审批，除机要项目外，全部过程都要在网上公开，并由纪检监察部门给予行政监察[28]。

---

① 街区被确定成为北京中心城区开展规划研究和实施规划管理的基本单元，需要随着规划实施进行细化落实、总结评估和完善更新。

表 2-9　相关城市控制性详细规划修改管理办法要点 [58]

方面	重庆	成都	长沙	杭州	上海
申请主体	区人民政府、市级土地储备机构（一般技术性修改由规划分局提出）	土地业主、区（县）及以上（含区县级）人民政府	土地权属人、区（县）人民政府	市及市以上单位、区政府、管委会	区、县规划局经区县人民政府同意后可申请
受理主体	市人民政府（一般技术性修改由市规划局受理）	各区规划分局或各区、县规划局	市城乡规划局	市规划局	市规划局
申请要件	书面申请和必要性论证材料	书面申请和申请单位委托规划乙级资质以上的设计单位编制的论证报告	控规修改建议书、控规修改方案及有关文件原件	申请和局部调整论证报告	申请报告和调整方案
分类方式	一般技术性内容修改、其他修改	技术性修改、其他修改	符合《长沙市居住用地容积率分区管理规定》等规范及有利于社会公益事业的控规修改、其他修改	包含四种情形：①建设项目选址需要的；②近期建设需要涉及不超过三个街区用地规划的；③由市政工程规划引起的；④由各类专项规划引起的	技术性局部调整、一般性局部调整
论证程序	市规划主管部门组织有关部门、专家审查，重大影响的提交市规委会专委会审议。（一般技术性内容修改由市规划局组织简易论证程序）	各区分局组织技术性修改的审查论证。市局（规划处）组织、分局参与其他修改的审查论证	市城乡规划委员会组织前置审查，市规划局依法组织论证、公示。（符合相关规定及利于社会公益事业的修改报经市政府同意后由市规划局组织论证）	市规划主管部门按四种情形依据难易程度不同的程序实施分类论证程序	由市规划主管部门按照规划修改影响程度的不同，实施难易不同的论证程序
审批方式	控规修改均应报市政府审批，并按修改的影响程度实施分级管理。（一般性修改由市规划局业务办公会做出同意或不同意的决定）	分局提出技术性修改的论证意见并审批。其他修改由市局业务办公会提出审查意见并审批	控规修改均应报市政府审批	市政府委托市规划主管部门进行审批	市规划局审批报市政府备案

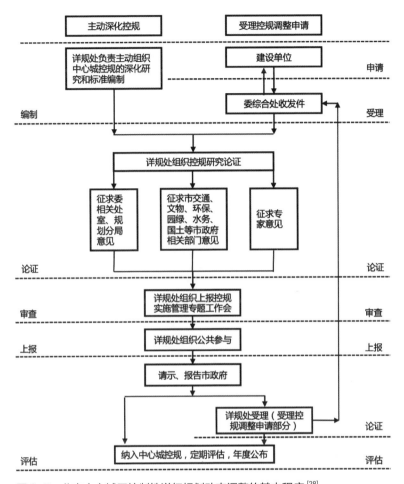

图 2-7　北京中心城区控制性详细规划动态调整的基本程序[28]

第3章 控制性详细规划设计课程的知识要点

控制性详细规划作为城市规划管理部门颁发"一书两证"规划许可的基本依据，是政府控制、管理和引导城市建设的关键工具。城乡规划专业学生通过控规的设计实践课程训练，掌握控制性详细规划编制的基本原理、技术方法与成果表达等，是专业学习中至关重要的一环。控制性详细规划的编制是对规划及其相关知识的综合应用，因此学生需要在理清基本知识要点的基础上，综合调动用地、交通、市政、公共服务、管理等前期所学，在控规编制过程中加以统筹运用。

3.1 用地分类与用地性质

控制性详细规划的核心任务之一是土地用途管制，也即对建设地段的位置、边界、面积、用途、开发强度等做出规定。其中，用地性质管理要按照国家或地方的城市用地性质分类标准进行街区、地块的用地性质确认，其他容积率、建筑密度、绿地率等指标或控制线的确认，均需从地块用地性质出发进行综合考虑。

用地分类标准编制是城乡规划的一项基本技术规范，在许多国家和地区均是如此[59]。美国虽然没有全国统一的城市用地分类标准，各州和地方政府可以自行确定，但大体上可分为 4 大类：居住用地、商业用地（含零售业和办公）、工业用地和农业用地。大类下再分小类（subclasses），如居住用地大类分为独户住宅（single family）用地、两户（two-family）住宅用地和多户（multi-family）住宅用地等。德国制定的联邦用地分类标准将城市用地分为 4 大类（居住用地、商业用地、混合用地、特殊用地）和 11 小类，成为全国统一标准。德国的用地分类与美国不同，不是严格独立和相互排斥的，而是尽可能地鼓励土地混合使用。在中国香港，城市规划强调灵活性和弹性，因此用地分类也不是十分严格，用地分类仅是一种广义的用途划分，即在某一类型用地上，除了主要用途之外（如工业用地的厂房，住宅用地的住宅楼），也允许安排和主要用途相容的功能。中国台湾地区则根据《区域计划法》及其施行细则的相关规定，将非都市用地按照土地使用性质与地方实际需要划分为 10 种用途分区，即特定农业区、一般农业区、工业区、乡村区、森林区、山坡地保育区、风景区、公园区、特定专用区与河川区。

1990 年，建设部编制完成《城市用地分类与规划建设用地标准》，对我国的城市用地分类做出了统一规定，并分级、分类地对城市的用地规模和用地结构提出了指标管控要求。2010 年，住房和城乡建设部修订完成新一版《城市用地分类与规划建设用地标准》（GB 50137—2011），针对旧版标准存在的乡村用地分类不足、公益用地与经营用地区分不清等重要问题进行了用地分类调整。目前，为进一步适应城乡规划对乡村地区的规划管控需求，实现可持续发展基础上的新型城镇化战略与城乡统筹建设目标，该用地分类标准正在进行新的修订研究。1990 年的国家用地分类标准出台之后，很多城市陆续出台了自己的地方城乡用地分类标准，以更好地适应本地城市发展的实际情况和地方需求。在北京，已出台的相关地方标准就有 2003 年发布的《城乡土地利用现状分类规划用地分类对照表（试行）》，以及之后更新的北京市《城乡规划用地分类标准》（DB 11/996—2013）（正面临新一轮修订）。

3.1.1　用地分类标准 [①]

《城市用地分类与规划建设用地标准》（GB J137—2011）于 2012 年 1 月 1 日起施行，适用于城市、县人民政府所在地镇和其他具备条件的镇的总体规划和控制性详细规划的编制、用地统计和用地管理。《城市用地分类与建设用地标准》修订的关键意义在于：①适应城乡统筹发展要求——增加涵盖乡村的用地分类体系；②体现城乡规划公共政策属性——适应政

---

① 本节内容根据文献 [59] 整理。

府职能转变要求，用地分类中展现政府公益性与市场经营性用地的区别；③进一步分离"区域"与"城市"用地类别；④加强与其他相关国家标准的衔接，特别是与国土"三大类"用地划分的衔接；⑤根据新的城乡发展形势和规划建设需求，调整规划建设用地的控制标准。

标准中的用地分类采用大类、中类和小类3级分类体系，在实际使用中，可根据工作性质、工作内容及工作深度的不同要求，采用分类中的全部或部分类别（表3-1）。具体来看，总的用地分类包括城乡用地分类、城市建设用地分类两部分，按土地使用的主要性质进行划分。城乡用地分为建设用地、非建设用地，共2大类9中类14小类；城市建设用地分为居住用地、公共管理与公共服务设施用地、商业服务业设施用地、工业用地、物流仓储用地、道路与交通设施用地、公用设施用地、绿地，共8大类35中类42小类。

北京市用地分类的地方标准（《城乡规划用地分类标准》（DB 11/996—2013））在对接国家标准的基础上进行了因地制宜的创新。①考虑城镇与村庄用地的关系，实现北京市城乡规划用地分类"城、镇、乡、村"的全覆盖与"一表通"。②为更好实现与国家标准的转换，用地分为主类和小类"两层级"（表3-2），以满足用地汇总统计等工作与国家标准中大类的对接。③推进城乡规划用地分类标准与其他相关专业、行业等标准（如绿地、市政、交通等）之间的有效衔接。④从地方出发的重要调整：结合北京实际，把托幼从居住区配套用地中提取出来，纳入基础教育设施用地（调整居住用地与居住公共服务设施的关系）；针对北京历史文化遗迹丰富的特点，提出"保护区用地"，强调历史文化保护区的特殊属性；增加M4工业研发用地和B23研发设计用地等；高尔夫球场建议按其不同部分的实际使用功能分别归入不同用地，如生态景观绿地、农林用地、水域等（高尔夫练习场同国家标准，归入B32康体用地）；增加绿隔的相关用地等方面。2017年，为进一步完善用地分类标准，特别是丰富和处理好乡村用地的类型，北京市规划和国土资源管理委员会最新出台了《北京市城乡规划与土地利用用地分类对应指南（试行）》。

表 3-1　城市用地分类与规划建设用地标准（国家标准）

类别名称	类别代码			类别名称
	大类	中类	小类	
城乡用地分类和代码	H	H1		城乡居民点建设用地
			H11	城市建设用地
			H12	镇建设用地
			H13	乡建设用地
			H14	村庄建设用地
			H15	独立建设用地
		H2		区域交通设施用地
			H21	铁路用地
			H22	公路用地
			H23	港口用地
			H24	机场用地
			H25	管道运输用地
		H3		区域公用设施用地
		H4		特殊用地
			H41	军事用地
			H42	安保用地
		H5		采矿用地
	E	E1		水域
			E11	自然水域
			E12	水库
			E13	坑塘沟渠
		E2		农林用地
		E3		其他非建设用地
			E31	空闲地
			E32	其他未利用地
城市建设用地分类和代码	R	R1		一类居住用地
			R11	住宅用地
			R12	服务设施用地
		R2		二类居住用地
			R20	保障性住宅用地
			R21	住宅用地
			R22	服务设施用地
		R3		三类居住用地
			R31	住宅用地
			R32	服务设施用地

类别名称	类别代码			类别名称
	大类	中类	小类	
城市建设用地分类和代码	A	A1		行政办公用地
		A2		文化设施用地
			A21	图书、展览设施用地
			A22	文化活动设施用地
		A3		教育科研用地
			A31	高等院校用地
			A32	中等专业学校用地
			A33	中小学用地
			A34	特殊教育用地
			A35	科研用地
		A4		体育用地
			A41	体育场馆用地
			A42	体育训练用地
		A5		医疗卫生用地
			A51	医院用地
			A52	卫生防疫用地
			A53	特殊医疗用地
			A59	其他医疗卫生用地
		A6		社会福利设施用地
		A7		文物古迹用地
		A8		外事用地
		A9		宗教设施用地
	B	B1		商业设施用地
			B11	零售商业用地
			B12	农贸市场用地
			B13	餐饮业用地
			B14	旅馆用地
		B2		商务设施用地
			B21	金融保险业用地
			B22	艺术传媒产业用地
			B29	其他商务设施用地
		B3		娱乐康体用地
			B31	娱乐用地
			B32	康体用地

类别名称	类别代码			类别名称
	大类	中类	小类	
城市建设用地分类和代码	B	B4		公用设施营业网点用地
			B41	加油加气站用地
			B49	其他公用设施营业网点用地
		B9		其他服务设施用地
城市建设用地分类和代码	M	M1		一类工业用地
		M2		二类工业用地
		M3		三类工业用地
	W	W1		一类物流仓储用地
		W2		二类物流仓储用地
		W3		三类物流仓储用地
	S	S1		城市道路用地
		S2		轨道交通线路用地
		S3		综合交通枢纽用地
		S4		交通场站用地
			S41	公共交通设施用地
			S42	社会停车场用地
		S9		其他交通设施用地
	U	U1		供应设施用地
			U11	供水用地
			U12	供电用地
			U13	供燃气用地
			U14	供热用地
			U15	邮政设施用地
			U16	广播电视与通信设施用地
		U2		环境设施用地
			U21	排水设施用地
			U22	环卫设施用地
			U23	环保设施用地
		U3		安全设施用地
			U31	消防设施用地
			U32	防洪设施用地
		U9		其他公用设施用地
	G	G1		公园绿地
		G2		防护绿地
		G3		广场用地

资料来源：根据文献 [60] 整理。

表 3-2　北京市城乡规划用地分类标准（地方标准）

类别代码		类别名称	类别代码		类别名称
主类	小类		主类	小类	
A1		行政办公用地	U1		供应设施用地
	A11	市属行政办公用地		U11	供水用地
	A12	非市属行政办公用地		U12	供电用地
A2		文化设施用地		U13	供燃气用地
	A21	图书展览用地		U14	供热用地
	A22	文化活动用地		U15	电信用地
A3		教育科研用地		U16	广播电视信号传输设施用地
	A31	高等院校用地		U17	邮政设施用地
	A32	中等专业学校用地		U18	输油设施用地
	A33	基础教育用地	U2		环境设施用地
	A34	特殊教育用地		U21	排水设施用地
	A35	科研用地		U22	环卫设施用地
A4		体育用地	U3		安全设施用地
	A41	体育场馆用地		U31	消防设施用地
	A42	体育训练用地		U32	防洪设施用地
A5		医疗卫生用地	U4		殡葬设施用地
	A51	医院用地	U9		其他公用设施用地
	A52	卫生防疫用地		U91	市政设施维修用地
	A53	特殊医疗用地		U99	其他设施维修用地
	A54	康复护理用地	W1		物流用地
	A59	其他医疗卫生用地	W2		普通仓储用地
A6		社会福利用地	W3		特殊仓储用地
	A61	机构养老设施用地	X		待深入研究用地
	A62	社区养老设施用地	C1		村民住宅用地
	A63	儿童福利设施用地	C2		村庄公共服务设施用地
	A64	残疾人福利设施用地	C3		村庄产业用地
	A69	其他社会福利用地	C4		村庄基础设施用地
A7		文物古迹用地		C41	村庄市政公用设施用地
A8		社区综合服务设施用地		C42	村庄道路与交通设施用地
A9		宗教用地	C9		村庄其他建设用地
			H9		其他建设用地

类别代码		类别名称	类别代码		类别名称
主类	小类		主类	小类	
B1		商业用地	E1		水域
	B11	零售商业用地		E11	水域沟渠
	B12	市场用地		E12	水库
	B13	餐饮用地		E13	坑塘水面
	B14	旅馆用地	E2		农林用地
B2		商务用地		E21	农业用地
	B21	金融保险用地		E22	林业用地
	B22	艺术传媒用地		E23	农村道路
	B23	研发设计用地	E9		其他非建设用地
	B29	其他商务用地	S1		城市道路用地
B3		娱乐康体用地		S11	快速路用地
	B31	娱乐用地		S12	主干路用地
	B32	康体用地		S13	次干路用地
B4		综合性商业金融服务业用地		S14	支路用地
B9		其他服务设施用地		S19	其他道路用地
D1		军事用地	S2		城市轨道交通用地
D2		外事用地		S21	轨道交通线路
D3		安保用地		S22	轨道交通场站
F1		住宅混合公建用地	S3		地面公共交通场站用地
F2		公建混合住宅用地		S31	公交枢纽用地
F3		其他类多功能用地		S32	公交场站设施用地
F8		绿隔政策区生产经营用地		S39	其他公共交通站场用地
	F81	绿隔产业用地	S4		社会停车场用地
	F82	绿色产业用地		S41	公用停车场用地
G1		公园绿地		S42	换乘停车场用地
	G11	公园	S5		加油加气站用地
	G12	其他公园绿地	S9		其他城市交通设施用地
G2		防护绿地	T1		铁路用地
G3		广场用地		T11	铁路线路用地
G4		生态景观绿地		T12	铁路站段所用地
	G41	景观游憩绿地	T2		公路用地
	G42	生态保护绿地		T21	公路线路及其附属设施用地
G5		园林生产绿地		T22	公路客运枢纽
M1		一类工业用地		T23	公路货运枢纽

类别代码		类别名称	类别代码		类别名称
主类	小类		主类	小类	
M2		二类工业用地			港口用地
M3		三类工业用地	T3	T31	港口客运码头用地
M4		工业研发用地		T39	其他港口用地
P		保护区用地	T4		机场用地
R1		一类居住用地	T5		管道运输用地
R2		二类居住用地	T6		区域综合交通枢纽用地
R3		三类居住用地	H5		采矿用地

资料来源：根据文献 [61] 整理。

3.1.2　地块划分

控制性详细规划制定通常需要划分规划单元和地块。地块作为控制指标的载体和开发建设的基本单元，在控规编制中具有重要作用[62]。划分地块、确定地块边界的基本方法和原则主要包括①：①考虑并合理尊重地块现有的土地使用权属及产权边界；②考虑绿化、水体、山体等自然边界，行政界线，道路边界等的影响；③尊重总体规划、其他专业规划、用地部门和单位等已经确定的一些地块界限划定要求（如"五线"控制要求）；④地块划定的大小依实际情况而定，一般新区地块划定比旧城大（历史城区通常以院落为单位，现状制约条件多），划定后的地块大小应和土地开发单元的规模相协调，便于规划管理；⑤除倡导土地混合使用的特殊地块外，地块划分应尽可能使得划定后地块的用地性质单纯；⑥尽可能使地块至少能有一边与城市道路或其他更低级别道路相邻，以方便地块使用与出入；⑦对于文物古迹等特殊占地，建议划定为单独地块以方便管理。

3.1.3　土地使用弹性与用地兼容性

土地混合利用是提升城市活力、完善城市片区功能、增强城市吸引力的重要途径。为避免控规编制中对地块做出过多过于强制性的用地性质规定，造成地块建设条件对城市开发的市场需求回应能力不足，以及地区功能过

---

① 规划单元的划分方法参见 3.3 节：控规编制的工作层次与分级分类。

于单一、街区活力缺失、服务设施单调等负面情况，控规编制在必要的情况下需要通过合理设定用地兼容性、实行土地使用弹性规划等方法，来对地块强制的唯一用途管制进行修正、完善和补充，实现土地使用性质管控的灵活性、弹性、适建性与机动性。

规划土地使用兼容性，是为了使地块的开发建设能够具有更多可能性与选择性，具体做法是在规划地块主要用地性质时，同时设定和标注地块允许开发的其他用途类型[①]，并确定其比例关系和相互置换的可能性等。为了实现对地块多方式与多途径开发的管理支撑，《上海市控制性详细规划技术准则（2011 年）》针对土地使用的兼容性，专门提出了相应的用地混合指引（表 3-3）。

从更加灵活多样的土地使用弹性规划途径来看，很多国家和地区的经验值得借鉴。新加坡纬壹（one-north）生命科技园采用了"白色用地"（white uses）策略，即园区内的土地用途实行"主要用途 (85%)+ 白色用途 (15%)"的混合开发管理（图 3-1）。其中，主要用途用地的 60% 为高科技制造、实验室、研发、产品设计 / 开发、软件开发、工业培训、分销中心、一类电子商务、出版活动；40% 为附属办公室、休闲设施、托儿所、诊所、附属商店、展示厅、员工餐厅、二类电子商务及独立的媒体支持服务。白色用途用地可以用于商店（包括药店和诊所）、办公（包括银行）商业性学校、餐厅、展示、汽车出租 / 交易 / 展示 / 办公、居住（包括员工宿舍 staff quarter 和服务式公寓）、酒店、日间托儿所、幼儿园、学前学后托管中心、文化设施 / 社区中心、体育休闲设施、健身中心等。在具体空间布局上，通常靠近地铁站的地块通常允许较高比例的白色用途，并鼓励开发商在工业区借助白色用途提供商业和服务设施。苏州工业园为协调近远期工业用地使用矛盾，提出了"灰色用地"的弹性规划模式。规划针对部分用地无法一次合理确定其永久使用方式的现实问题，通过设定"灰色用地"的途径，允许借助多次、动态、持续、多循环的方式来规划与明确地段用地性质，甚至在多次规划中间安排过渡性的用地性质，这使得"灰色用地"成为发挥土地使用最大效益的一类活性用地。

---

① 多数情况下，地块允许开发的用地类型会分为主要用地类型和次要用地类型。

表 3-3　上海控规编制中的用地混合引导要求

用地性质	住宅组团用地			社区级公共服务设施用地		行政办公用地	商业服务用地	文化/体育用地	科研设计用地	商务办公用地	一类工业用地	二类工业用地	工业研发用地	普通仓库/堆场用地	物流用地	轨道交通用地	社会停车场用地	综合交通枢纽用地
	一类住宅组团用地	二类/三类住宅组团用地	四类住宅组团用地	福利院、医疗设施用地	其他													
一类住宅组团用地																		
二类住宅组团用地	√																	
三类住宅组团用地	×																	
四类住宅组团用地	×	√																
社区级公共服务设施用地	×	○	×															
其他社区级公共服务设施用地	×	√	√	○														
行政办公用地	×	×	×	○	○													
商业服务用地	×	×	√	○	√	○												
文化/体育用地	×	×	√	○	√	○	√											
科研设计用地	×	×	√	○	√	○	○	○										
商务办公用地	×	×	√	×	√	○	√	√	○									
一类工业用地	×	×	√	○	○	×	○	×	√	○								
二类工业用地	×	×	×	○	×	×	×	×	×	×	√							
工业研发用地	×	×	√	○	○	×	×	×	×	√	√	√						
普通仓库/堆场用地	×	×	×	○	×	×	×	×	×	×	√	√	√					
物流用地	×	×	○	○	×	×	×	×	×	×	√	√	√	×				
轨道交通用地	×	○	√	√	○	√	√	√	○	×	×	○	×	×	○			
社会停车场用地	×	×	○	×	○	√	○	○	○	○	√	√	√	×	√	√		
综合交通枢纽用地	×	√	√	○	√	○	√	√	√	×	×	√	×	×	√	√	√	

注：①"√"表示宜混合，"○"表示有条件混合，"×"表示不宜混合。②表中未列用地一般不宜混合。

资料来源：根据《上海市控制性详细规划技术准则》（2011）整理。

图 3-1　新加坡纬壹生命科技园的弹性用地管控
资料来源：http://www.zaha-hadid.com/masterplans/one-north-masterplan/.

3.2　开发强度管控

　　容积率和建筑密度是控制性详细规划管控的两个核心指标，两者规定了土地开发的强度要求。容积率和建设密度的赋值方法主要包括以下几种。

　　（1）强度分区法

　　从土地区位、用地性质、交通条件[63]、城市开发现状等要素出发，通过建立不同层级的城市开发强度分区模型，来确定城市片区的开发强度控制范围，进而为地块容积率和建筑密度的细分提供依据。这种方法从城市整体入手，通过对开发强度影响因子的综合分析与判断（通常通过建构数据模型来实现），层层分解地确定地块开发的具体管控要求，具有宏观性、整体性和模型化的决策特点，在很多城市和地区都有应用（图 3-2，表 3-4）。

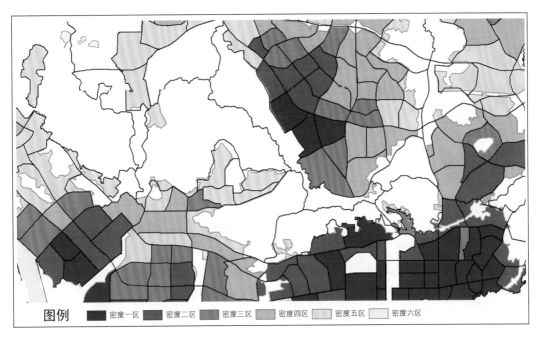

图 3-2　深圳城市开发强度分区管控

资料来源：根据《深圳市城市规划标准与准则》（2014）整理。

表 3-4　深圳居住用地地块容积率指引

分级	密度分区	基准容积率	容积率上限
1	密度一、二区	3.2	≤ 6.0
2	密度三区	2.8	≤ 5.0
3	密度四区	2.2	≤ 4.0
4	密度五区	1.5	≤ 2.5

资料来源：根据《深圳市城市规划标准与准则》（2014）整理。

　　（2）类比法

　　通过参考类似城市类似地段的建成指标情况，结合具体地段的客观实际，推理和确定地段的开发强度控制数值。类比法主要基于经验判断和案例借鉴，由于简单易行、可操作性强，在当前控规编制中应用普遍，是开发强度的指标决策或校订的常见方式。

（3）容量推算法

依据保证城市可持续发展的基本环境容量要求，城市总体规划明确的人口规模、用地规模和建筑规模等，初步推断出规划区的基本开发强度要求。在此基础上，结合具体地块的区位、功能及其他属性，可进一步细化判定容积率与建筑密度等指标的数值设置。

（4）方案试做法

这种方法通过对规划地段进行细致到空间布局、建筑形态的详细规划设计，借助类似修建性详细规划、城市设计的总图推敲、形态分析、高度/密度核算等，帮助确定规划地块的具体开发强度控制要求。对于限制条件相对较少的城市新区规划来说，通过"建成方案试做"来推敲控规编制要求常常是行之有效的工作方式。

在实际工作中，为了科学确定规划区开发强度的管控标准，通常会同时采用以上方法中的几种，进行相互检验和校订，从而保证规划决策的可靠性。

3.3　道路交通规划[①]

道路交通具有系统性，其规划内容覆盖面广[65]，总体工作涵盖：①通过道路系统规划确定道路路网系统（对外、内部）及道路建设的具体技术要求和标准（等级、红线、断面）等。②通过公共交通系统规划对公交场站（规模、布局）、轨道交通（含铁路）线站位等进行线路和站场的规划布局，以及设施位置、规模等的确定。③通过停车系统规划确定机动车及自行车停车设施（配建停车设施、社会公共停车设施）的空间布局、落位及规模等。④步行及自行车交通规划。⑤加油站规划。⑥交通管理规划。⑦近期建设规划等。

3.3.1　规划内容与基本步骤

控规层面的道路交通规划可以分为对外与内部道路交通规划两部分。道路交通规划编制须以总体规划、专项规划等上位规划为依据和控制要求前

---

① 本节内容根据文献 [64] 与《北京地区建设工程规划设计通则（试行稿）》（2002）整理。

提，对上位规划进行落实与细化。在具体规划内容上，《城市规划编制办法（2006 年）》规定了控规阶段的道路交通规划需要：①根据交通需求分析确定地块出入口位置、停车泊位、公共交通场站用地范围和站点位置、步行交通以及其他交通设施。②规定各级道路的红线、断面、交叉口形式及渠化措施、控制点坐标和标高。《城市规划原理》[66] 指出，在街坊或地块的交通组织上应该：①步行交通组织，包括步行交通流线组织、步行设施位置（天桥、连廊、地下通道、盲道、无障碍设计）、接口与要求等。②车行交通组织，包括出入口数量与位置、禁止开口地段、交叉口展宽与渠化、装卸场地规定等。③公共交通组织，包括公交场站位置、公交站点布局、公交渠化等。

道路交通规划编制的一般性思路与步骤如下：①现状调研与分析，对现状道路及其附属设施等进行调研、研究与问题分析。②规划梳理与解读，梳理上位规划要求、相关专项规划要求、其他规划要求等，以此作为控规交通规划编制的依据。③方案制定与优化，确定规划目标、指导思想与原则，形成各交通子系统初步规划方案，通过指标核算反复调整和优化方案。④成果编制与表达，以文字和图纸形式描述方案。

《城市道路交通规划设计规范》（国家规范）、《城市道路工程设计规范》（国家规范）、《北京地区建设工程规划设计通则（试行）》（地方规范）等是控规层面道路交通规划编制的重要技术标准、法定依据与工作方法来源。道路交通规划成果作为控规成果的重要组成部分，包括文本、说明书、图纸、研究报告等。

文本内容主要包括：①规划指导思想、原则、目标。②交通发展策略。③道路系统规划。④公共交通系统规划。⑤停车系统规划。⑥步行及自行车交通规划。⑦交通管理系统规划。⑧近期建设时序安排等。说明书内容与文本对应，并应补充说明对现状交通的具体分析。图纸的主要内容包括：①现状交通图。②道路网规划图。③公共交通场站设施规划图。④社会公共停车场布局规划图。⑤步行街规划图（如果有）。⑥加油站规划图等。

3.3.2　对外道路交通规划

对外道路交通规划需要确定对外交通设施的位置与规模、布点布线等，并通过核算规划地段对外交通出行的容量来规划对外道路，以及为内部道路交通系统规划提供依据。其中，轨道交通、地面公交等对外交通规划，主要是落实上位规划要求，并合理进行站点选址优化；对外道路规划在落实上位规划的同时，要进一步核算通道交通承载能力。核算手段主要包括两类：①采用专用模型和程序测算；②手工估算。核算的步骤和内容主要包括：①规划区对外交通出行总量估算；②规划区对外出行交通方式划分；③确定对外单方向机动车交通需求 D、对外道路单方向交通承载力 R，计算交通量 $G=D/R$；④分析得出规划结论。

3.3.3 内部道路交通规划

内部道路交通规划涉及道路网、场站设施（公交场站、机动车停车设施、自行车停车设施、轨道交通段场）、加油站、公交廊道（BRT 等）等要素。

（1）道路网规划

需要规划的内容包括道路网的形态（空间布局形式）、级配（等级结构）、红线（位置、宽度）、规模（道路网密度、道路用地率/面积率）、路口渠化、地块开口等。

道路网形态可呈现方格网式、环形 + 放射式、混合式等不同类型。确定路网基本形态的主要方法为：①查找相关上位规划，根据新情况和新要求，对上位规划进行落实和优化；②结合现状用地、现状路网进行优化设计，优化线路的走向与等级等；③方格网式路网参考国家和地方规范确定道路间距，一般主干路为 800~1000m、次干路为 300~400m、支路为150~250m；④对于特定区域，可结合发展定位及功能要求，灵活布局道路网。

道路网级配是指不同等级道路的长度之比。合理的道路网级配是充分释放路网容量、充分发挥路网整体运行效率的关键，不合理的级配不利于城市道路微循环系统的建设和城市交通整体运行效率的提高，具体标准建议可参考表 3-5 合理确定。

表 3-5　道路网级配对比分析^[64]

表 3-5　道路网级配对比分析[64]

标准来源	快速路	主干路	次干路	支路
我国规范	1	2	3	8
发达国家	1	2	4	8
北京中心城规划	1	1.8	2.6	5.3
北京中心城现状	1	0.9	1.2	2.0

影响道路红线确定的因素很多，包括：城市（或区域）整体路网格局、道路两侧沿线用地性质、道路所在区域发展定位（如高档社区、商业中心等）及道路网密度等。道路在等级上分为快速路、主干路、次干路、支路，在功能分为交通性、生活性、景观性等，在道路断面上有一块板、两块板、三块板、四块板等不同类型，这些都对应着不同的道路红线设计要求。《北京城市总体规划（2004 版）》提出的北京中心城区的道路红线规划宽度要求为：快速路 60~80m；主干路 40~80m；次干路 30~45m；支路 20~30m。

道路网规模的主要表征指标为道路网密度、道路用地率。

道路网密度 = 规划区道路总里程 / 规划区用地总面积

道路用地率（面积率）= 道路用地总面积 / 规划区用地总面积

建设部颁布的《城市道路设计规范（GB 50220—1995）》规定的道路间距、道路宽度、道路网密度等相关标准参见表 3-6、表 3-7。

表 3-6　大、中城市道路网规划指标[67]

项目	城市规模与人口 / 万人		快速路	主干路	次干路	支 路
机动车设计速度 /(km/h)	大城市	>200	80	60	40	30
		≤ 200	60~80	40~60	40	30
	中等城市		—	40	40	30
道路网密度 /(km/km²)	大城市	>200	0.4~0.5	0.8~1.2	1.2~1.4	3~4
		≤ 200	0.3~0.4	0.8~1.2	1.2~1.4	3~4
	中等城市		—	1.0~1.2	1.2~1.4	3~4
道路中机动车车道条数 / 条	大城市	>200	6~8	6~8	4~6	3~4
		≤ 200	4~6	4~6	4~6	2
	中等城市		—	4	2~4	2
道路宽度 /m	大城市	>200	40~45	45~55	40~50	15~30
		≤ 200	35~40	40~50	30~45	15~20
	中等城市		—	35~45	30~40	15~20

表 3-7　小城市道路网规划指标 [67]

项　目	城市人口/万人	干　路	支　路
机动车设计速度 /(km/h)	>5	40	20
	1~5	40	20
	<1	40	20
道路网密度 /(km/km²)	>5	3~4	3~5
	1~5	4~5	4~6
	<1	5~6	6~8
道路中机动车车道条数 / 条	>5	2~4	2
	1~5	2~4	2
	<1	2~3	2
道路宽度 /m	>5	25~35	12~15
	1~5	25~35	12~15
	<1	25~30	12~15

　　路口渠化是依据城市道路设计相关要求与规范,根据路口流量和基本特征,对车辆、行人作合理的分离、导流等设计。这个过程中,控规特别要注意的是道路交叉口的一些拓宽与切角的设计处理(图 3-3,图 3-4)。从国内外经验来看,路口处主干路单侧红线展宽尺寸宜为 4.5~9.0m,次干路宜为 4.5~6.0m。平面交叉口转角部位平面规划可考虑下列规定:平面交叉口转角部位红线应作切角处理,常规丁字、十字交叉口的红线切角长度宜按主、次干路 20~25m、支路 15~20m 的方案进行控制。

　　(2)公交场站规划

　　控规中,公交站场需要确定其位置、规模和功能等。在规模确定上,可以通过规划人口或者具体的规划居住人口和就业岗位等来计算公交场站用地总规模。站场设施空间布局的要点为:①查找相关上位规划,根据新情况和新要求,对上位规划进行布局调整和优化;②首末站一般放在居住区、公建区边缘,尽量不放在用地内部。根据用地布局,尽量分散布置;③数量上,一般按照 0.5hm²/ 处(服务 2~3 条线)的规模设置;④中心站一般位于组团用地边缘,距离居住用地不宜太远;⑤保养厂一般位于组团用地边缘,尽量与可能受影响用地保持距离;⑥枢纽一般位于商业、办公用地等客流集中地区,结合轨道交通车站、地面公交车站布置。

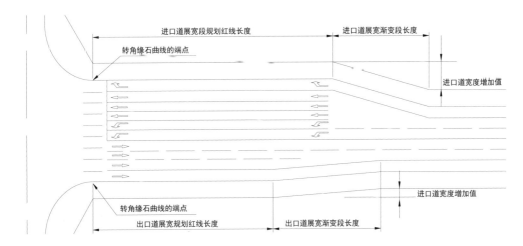

图 3-3 道路口拓宽规划设计示意
资料来源：根据《北京地区建设工程规划设计通则（试行稿）》（2002）整理。

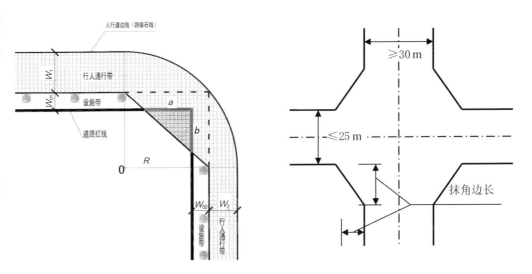

图 3-4 道路口切角规划设计示意
资料来源：根据《北京地区建设工程规划设计通则（试行稿）》（2002）整理。

（3）社会公共停车设施

社会公共停车设施在确定其位置和规模时，需要区别基本车位和出行车位。其中，基本车位为机动车拥有者应拥有的夜间泊车的固定停车车位；

出行车位为机动车使用者出行达到目的地所需的停车车位。社会公共停车设施的规模确定，可以根据规划人口核算停车用地总规模，再按比例分摊各类停车泊位用地；也可以根据规划机动车保有量核算停车位总规模，同时结合停车发展战略确定。

（4）加油站规划

加油站规划主要是按照"面线结合"的原则落实专项规划的要求：中心区的加油站规划按"面"考虑，以服务半径为控制指标，均衡布局；在高速公路、国道以及其他等级道路的沿线按"线"考虑。加油站选址要满足文物保护、环境保护、交通安全、消防规定等要求，规划布局须具备一定的弹性和可操作性，使加油站规划既能满足近期需求，又能为远期发展留有余地。

3.4　市政基础设施规划 ①

市政基础设施简称"市政"，是以政府为主导而建设的一系列重要公共工程服务系统的集合，涵盖水资源供应、能源供应、防洪排水、供电、供热、燃气、通信、环卫等众多领域，是城市生存和发展必不可少的物质支撑基础。国内外学者对于基础设施的研究始于 20 世纪 40 年代中后期，对其内涵的认识和确定经历了一个漫长时期。发展经济学平衡增长理论的先驱学者罗森斯坦·罗丹认为，城市基础设施是社会的先行资本，它为其他产业创造了投资机会——社会先行资本包括电力、运输、通信等所有基础工业，其发展须先行于那些收益较快的直接生产投资。1983 年 7 月，中共中央、国务院在《关于对北京城市建设总体规划方案的批复》中第一次以正式文件肯定和应用了"城市公共基础设施"一词。1999 年 2 月 1 日施行的《城市规划基本术语标准》将城市公共基础设施（urban infrastructure）定义为：城市生存和发展所必须具备的工程性基础设施和社会性基础设施的总称。工程性基础设施，一般指需要专门的工程技术建设的为城市实体提供支撑的工程设施，如城市道路、桥梁、供电、供水、供热、排污、消防等设施；社会性基础设施是指城市正常活动所依赖的社会性机构，

---

① 本节内容根据文献 [68] 整理。

包括行政机构、教育设施、体育设施、医疗设施、商业服务设施、金融设施等。

3.4.1 市政基础设施的基本属性

工程性的市政基础设施与社会性的公共服务设施均具有"公共产品"属性。公共产品是所有成员集体享用的集体消费品，即社会成员可以同时享用该产品，每个人对该产品的消费都不会减少其他社会成员对该产品的消费[69]。公共产品表现出两大特征，即消费的非竞争性与受益的非排他性。消费的非竞争性是指消费者的增加不引起生产成本的增加；受益的非排他性是指产品或服务一旦被提供出来，就不能阻止不付费者的免费消费行为。准确来说，市政基础设施属于准公共产品，具有有限的非竞争性和局部的非排他性，当到达"拥挤点"后，增加消费者会减少原有消费者的效益。市政基础设施的基本特征包括：

（1）公益性和公用性

提供高效完善的市政基础设施是政府应尽的基本职能。

（2）自然垄断性和经营管理的多样性

市政基础设施具有一定的自然垄断性，也就是将其生产交给一家垄断机构经营时，对全社会来说具有总成本最低的特性；但在经营管理上，市政基础设施的管理运营具有公营、私营或公私合营等多种途径。

（3）不可移动性（刚性）

市政基础设施工程性强，往往建成之后就无法移动，其规划建设要科学谨慎。

（4）超前性

作为城市生存和发展的前提，市政基础设施建设是城市的基础与未来支撑，在规划建设具有时间上的超前（不能仅满足现状需求）。城市的不断发展会对基础设施提出更高的容量和质量建设要求，而基础设施由于投入规模大、建设周期长、牵扯面大、不宜频繁扩建和变动，因此市政基础设施规划需要有容量等方面的超前考虑。

（5）系统性和协调性

市政基础设施建设往往要与城市的人口、经济、房屋建设等协调发展，

与规划、建设、土地、交通、水务、电力、通信、财政等部门进行统一部
署和管理。

3.4.2 控规中的市政工程规划

控规中的市政设施规划包括城市供水、供热、供电、燃气、信息基础设施、
环境卫生等多个方面(表3-8),应根据城市总体规划、市政设施系统规划,
综合考虑建筑容量、人口规模等因素确定市政配套控制要求,并与各专
项规划协调一致。控规层面的市政设施规划具有几个主要特征[70]:①承
上启下,落实上位规划要求,并为下阶段规划设计提供指导;②注重地
块对设施供应需求的预测与分析;③注重基础设施用地的布局及落实;
④注重各类工程管线(尤其是主干管)的线位布局及规模控制。

表3-8 市政设施规划的主要内容构成举例[68]

1. 水资源规划	8. 城市供电规划
2. 城市供水规划	9. 城市供热规划
3. 再生水利用规划	10. 城市燃气规划
4. 防洪及河道治理规划	11. 城市信息基础设施规划
5. 雨水排除规划	12. 环境卫生规划
6. 污水排除与处理规划	13. 城市综合防灾规划
7. 能源供应规划	

《城市规划编制办法》(2005年)规定,控规的市政规划要根据规划建
设容量,确定市政工程管线位置、管径和工程设施的用地界线,进行管线
综合,并确定地下空间开发利用具体要求。因此,控规中市政规划的主要
内容为:①确定各级市政设施的源点位置、路由和走廊控制等;②明确市
政设施的性质、规模、布局、占地(敏感设施还应明确影响范围及周边控
建要求);③确定城市工程管线的走向、管径和工程设施的用地界线;④确
定城市河湖水系的蓝线及保护绿线等;⑤规划利用地下空间等。在北京,
新城控规中的市政等三大设施规划,在对接总体规划、细化落实街区和地
块规划等层次上,具有不同的内容及深度要求(图3-5,表3-9)。

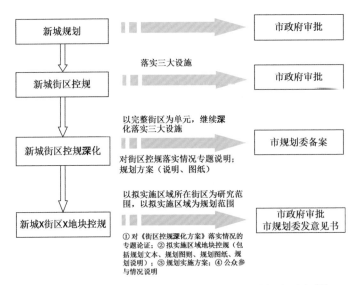

图 3-5　北京新城从总体规划到控规的三大设施规划深化路径 [68]

表 3-9　北京新城控规中市政设施规划的核心内容深度要求 [68]

规划层次	市政设施规划内容深度要求
新城规划	明确资源配置方案，确定各类市政基础设施规划原则、标准，提出重要场站设施布局、占地及相关控制要求，提出各类市政专业管线主干线管网规划方案
新城街区控规	在新城规划基础上，细化街区范围内各类市政基础设施规划原则、标准；落实独立占地的市政场站设施规模、占地、具体位置及相关控制要求；确定非独立占地的市政场站设施布局，提出规模、面积及相关建设要求；提出各类市政专业管线主干线、支干线管网规划方案
新城街区控规深化	根据规划人口、建设用地等规模，进一步核实各类场站设施的规划规模、占地（或面积），落实独立占地场站及重要干线走廊的具体位置，确定非独立占地的市政场站设施布局方案。进一步核实各类市政专业管线主、次干线管网规划方案。建议同步配套编制新城街区范围内市政专业控制性详细规划
新城地块控规	落实该地块范围内独立占地的市政场站设施的具体位置及占地要求。落实规划地块内非独立占地市政设施的规模、建筑面积及建设要求。落实该地块周边及地块内各类市政专业管线主、次干线管网规划方案，提出保障该地块市政基础设施建设的具体措施。建议同步配套编制地块范围内的市政专业控制性详细规划

　　综合概括起来，控规的市政基础设施规划工作重点为"定性—定量—定界（线）—配设施"。①定性：落实城市总体规划的市政要求，确定市政设施用地的位置及规模等，以及其他规划地块是否位于敏感市政场站、走廊敏感影响范围内，地块用地性质是否符合控建要求等。②定量：核算市政承载能力，根据规划容量预测各项市政负荷，根据上位规划及地块（周边）

建设时序，合理布置工程管线，确定管线管径及控制点高程。③定界（线）：落实相关河道蓝线、绿化绿线、重要市政走廊、水源保护区等的位置或界限，确定地块可利用建设用地边界，确定工程管线走向与位置。④配设施：根据规划容量配套相关设施，市政设施配套应落实到用地小类，无法落位的应标明需要落实的街区或地块的具体要求。

市政规划在落实上位规划的区域性设施用地时，主要包括区域性场站、河流水系、干线走廊（水、油、气、电等）等，应结合现状确定这些市政设施场站、线等的位置，及其周边控建、保护、隔离等范围；对现状不利于土地规划利用的，要充分论证、广泛征求意见并慎重挪移（如河道、高压线、油气管线等）。

3.4.3 控规市政基础设施规划编制要点

做好控规市政规划，需要理解上位规划要求及相关专业系统规划；熟悉现状情况，掌握翔实的基础资料与相关信息；具备良好的专业技能，精通各专业规划规范、技术标准、法律法规等。《广州市控制性详细规编制划技术规定》提出各项市政基础设施规划编制的内容要求如下（图3-6）。

（1）给水工程规划

评价给水设施现状；落实上层次规划确定的控制要求；预测用水量；确定给水系统的形式及其与上层规划的衔接方式；确定给水设施的规模，明确其空间布局及建设要求。

（2）雨水、防洪工程规划

评价雨水、防洪设施现状；落实上层次规划确定的控制要求；确定排水体制、暴雨强度计算公式和防洪标准；确定雨水、防洪系统的形式及其与上层次规划的衔接方式；确定雨水、防洪设施的规模，明确其空间布局及建设要求。

（3）污水工程规划

评价排污设施现状；落实上层次规划确定的控制要求；预测污水量；确定污水系统的形式及其与上层次规划的衔接方式；确定排污设施的规模，明确其空间布局及建设要求。

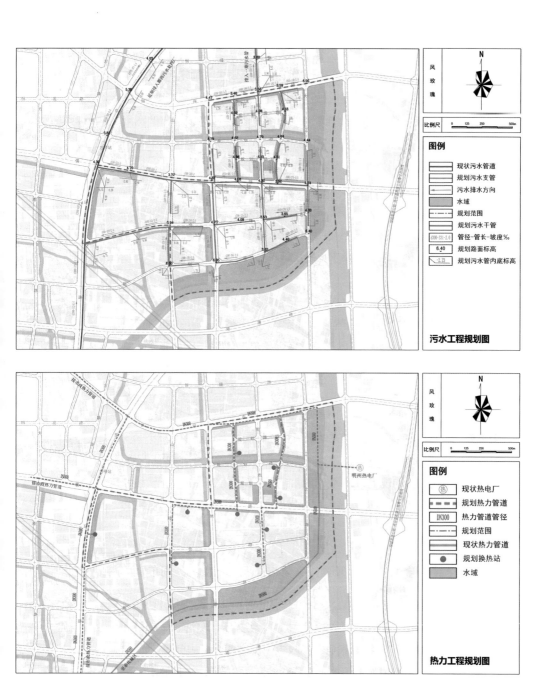

图 3-6 控规中的市政工程规划图示意（污水工程规划图、热力工程规划图）
资料来源：中国中建设计集团有限公司 . 宁波奉化区局部地段控制性详细规划，2017。

（4）供电工程规划

评价供电设施现状；落实上层次规划确定的控制要求；确定用电指标，预测电力负荷；确定供电电源容量、数量、位置及用地面积；确定变电所、开关站的容量和位置；确定中、高压配电网线路的路径和电缆通道的宽度控制要求。

（5）电信工程规划

评价电信设施现状；落实上层次规划确定的控制要求；确定预测指标，预测各类通信量需求；确定电信机房、无线基站等的容量、规模及用地面积；确定有线电视、网络系统等通信传输线路和接入网管线的布设要求；阐述微波通道的宽度控制和建筑限高要求；确定邮政局所的位置和用地面积。

（6）燃气工程规划

评价燃气设施现状；落实上层次规划确定的控制要求；确定气源类型、用气量指标、供气方式，预测用气量；确定燃气储备站、调压站的位置、规模及用地面积；确定高、中压燃气管网压力级制及布设和安全要求；阐述防火安全间距的要求。

（7）环保环卫设施规划

评价环保环卫设施现状；落实上层次规划确定的控制要求；确定各类环保环卫设施的项目的种类和规模，并明确其空间布局及建设要求。

（8）工程管线综合规划

评价工程管线综合的现状，统筹安排编制区城市道路上各类工程管线的布设方式和空间位置，协调工程管线之间以及与道路两侧建（构）筑物之间的关系。

3.5 公共服务设施规划

公共服务设施是指为市民提供公共服务产品的各种公共性、服务性设施，按照具体的项目特点可分为教育、医疗卫生、文化娱乐、交通、体育、社会福利与保障、行政管理与社区服务、邮政电信和商业金融服务等[71]。控制性详细规划制定中的公共服务设施规划一般涉及两个层面：一是城市（区）公共服务设施配置，二是居住区公共服务设施配置。近年来，各大城市结合不同规划层次以及本地行政管理体制，探索编制了地方性的公共服务设施规划标准：一种是将公共服务设施规划标准作为城市管理技术规定的组成部分来颁布，如《深圳市城市规划标准与准则》根据规划编制的五个阶段建立了市、区、居住地区（15万~20万人）、居住区（4万~6万人）、居住小区（1万~2万人）的五级公共设施提供体系；另一种是将公共服务设施规划标准作为地方性的工程建设标准独立颁布，如《广州市居住区公共服务设施设置标准》按照行政管理体系、街道管辖的人口规模，分为区域统筹（5万~20万人）、居住区（3万~5万人）、小区（1万~1.5万人）、组团（1000~3000人）四级[5]146。

3.5.1 城市公共服务设施配套

城市和区级的公共服务设施主要包括图书馆、影剧院、综合医院、体育中心、高中等教育设施、老年福利院等服务全市或区的一些大中型设施，是发展卫生、体育、文化、教育、科技等公共事业，保障社会公众的生存发展需求以及参与社会经济、政治、文化等活动的重要设施。城市和区级公共服务设施的类型、选址、规模和建设要求，通常在城市总体规划、分区规划的专项规划中已经得以确认，控制性详细规划编制需对这些内容进行具体的细化规划与用地落实。

《城市公共服务设施规划规范》（GB 50442—2015）适用于城市总体规划和分区规划，其中将城市公共设施与用地分类相对应，分为行政办公、商业金融、文化娱乐、体育、医疗卫生、教育科研设计和社会福利设施七类，各种城市公共设施规划的用地综合指标与分项指标见表3-10。

表3-10　城市公共服务设施用地综合指标及分项指标[72]

指标分项	城市规模	小城市	中等城市	大城市		
				I	II	III
行政办公	占中心城区规划建设用地比例/%	0.8~1.2	0.8~1.3	0.9~1.3	1.0~1.4	1.0~1.5
	人均规划用地/（m²/人）	0.8~1.3	0.8~1.3	0.8~1.2	0.8~1.1	0.8~1.1
商业金融	占中心城区规划建设用地比例/%	3.1~4.2	3.3~4.4	3.5~4.8	3.8~5.3	4.2~5.9
	人均规划用地/（m²/人）	3.3~4.4	3.3~4.3	3.2~4.2	3.2~4.0	3.2~4.0

指标分项	城市规模	小城市	中等城市	大城市		
				I	II	III
文化娱乐	占中心城区规划建设用地比例 /%	0.8~1.0	0.8~1.1	0.9~1.2	1.1~1.3	1.1~1.5
	人均规划用地 / (m²/人)	0.8~1.1	0.8~1.1	0.8~1.0	0.8~1.0	0.8~1.0
体育	占中心城区规划建设用地比例 /%	0.6~0.9	0.5~0.7	0.6~0.8	0.5~0.8	0.6~0.9
	人均规划用地 / (m²/人)	0.6~1.0	0.5~0.7	0.5~0.7	0.5~0.8	0.5~0.8
医疗卫生	占中心城区规划建设用地比例 /%	0.7~0.8	0.6~0.8	0.7~1.0	0.9~1.1	1.0~1.2
	人均规划用地 / (m²/人)	0.6~0.7	0.6~0.8	0.6~0.9	0.8~1.0	0.9~1.1
教育科研设计	占中心城区规划建设用地比例 /%	2.4~3.0	2.9~3.6	3.4~4.2	4.0~5.0	4.8~6.0
	人均规划用地 / (m²/人)	2.5~3.2	2.9~3.8	3.0~4.0	3.2~4.5	3.6~4.8
社会福利	占中心城区规划建设用地比例 /%	0.2~0.3	0.3~0.4	0.3~0.5	0.3~0.5	0.3~0.5
	人均规划用地 / (m²/人)	0.2~0.3	0.2~0.4	0.2~0.4	0.2~0.4	0.2~0.4
综合总指标	占中心城区规划建设用地比例 /%	8.6~11.4	9.2~12.3	10.3~13.8	11.6~15.4	13.0~17.5
人均规划用地 / (m²/人)		8.8~12.0	9.1~12.4	9.1~12.4	9.5~12.8	10.0~13.2

注：小城市的人口规模小于 20 万；中等城市人口规模为 20 万 ~50 万人，大城市 I 的人口规模为 50 万 ~100 万人；大城市 II 的人口规模为 100 万 ~200 万人；大城市 III 的人口规模大于 200 万人。

3.5.2 居住区公共服务设施配套[①]

居住区公共服务设施应当根据国家或地方标准进行合理配置。在地方标准中，《北京市居住公共服务设施配置指标》详细规定了北京市公共服务设施配置的相关要求，并按照居住区人口规模的不同，分居住人口 3 万 ~5 万人（表 3-11）、0.7 万 ~2 万人、0.3 万 ~0.5 万人、少于 0.3 万人四种情况，对应提出四类不同居住区人口规模下的公共服务设施规划设计指标要求。控规编制过程中，应在明确居住区用地范围和规划人口规模

---

① 本节内容根据文献 [25]，《北京市居住公共服务设施规划设计指标》（2006），《北京地区建设工程规划设计通则（试行稿）》（2002）整理。

表3-11　北京市居住公共服务设施规划设计指标（居住人口3万~5万人）

类别	序号	项目名称	千人指标		一般规模		配置规定	服务规模/(万人/处)	备注
			建筑面积/m²	用地面积/m²	建筑面积/(m²/处)	用地面积/(m²/处)			
教育	1	幼儿园	281~310	420~450	8班 2100 12班 2800	8班 3000 12班 4200	招收2~6岁儿童，占居住区人口3.0%，就近入园率90%，并考虑10%的外来人口因素，30座/千人；建筑9.38~10.32m²/座，用地14~15m²/座，每班25座	0.7~1.0	
	2	小学	403~441	510~568	"九年一贯制"学校 18班 8000 27班 12000 36班 15000	"九年一贯制"学校 18班 11000 27班 16000 36班 21000	小学学龄7~12岁，占居住区总人口3.6%，入学率100%，并考虑10%的外来人口因素，40座/千人；建筑10.08~11.03m²/座，用地12.76~14.20m²/座，每班40座。 初中学龄13~15岁，占居住区总人口1.8%，入学率100%，并考虑10%的外来人口因素，20座/千人；建筑12.71~13.82m²/座，用地16.70~19.12m²/座，每班40座。 "九年一贯制"学校学龄7~15岁，占居住区总人口5.4%，入学率100%，并考虑10%的外来人口因素；建筑10.89~12.67m²/座，用地14~16m²/座，每班40座（千人指标：建筑面积653~760m²，用地面积840~960m²）	1.2~2.4	小学：18班规模建筑7500m²，用地9500m²，服务规模1.8万人/处。24班规模建筑10000m²，用地12500m²；服务规模2.4万人/处。24班以下学校应设不低于200m的环形跑道和60m的直跑道。 初中：18班规模建筑9500m²，用地13000m²；服务规模3.6万人/处。24班规模建筑12500m²，用地17000m²。30班规模建筑4.8万人/处，用地21000m²；24班以下学校应设不低于200m的环形跑道和100m的直跑道，25班以上学校应设不低于300m环形跑道和100m的直跑道。 "九年一贯制"学校设置200m环形跑道和100m直跑道，有条件的应设置400m环形跑道的篮、排球场地。 中学：30班规模建筑16000m²，用地22000m²；服务规模3万人/处。高中应设不低于400m环形跑道和100m的直跑道
	3	初中	254~276	334~382					
	4	高中	217~233	317~363	24班 13000 30班 16000 36班 19000	24班 19000 30班 23000 36班 28000	高中学龄16~18岁，占居住区总人口1.8%，入学率98%，并考虑10%的外来人口因素，19座/千人；建筑11.42~12.28m²/座，用地16.70~19.12m²/座，每班45座	6~8.5	

类别	序号	项目名称	千人指标 建筑面积/m²	千人指标 用地面积/m²	一般规模 建筑面积/(m²/处)	一般规模 用地面积/(m²/处)	配置规定	服务规模/(万人/处)	备注
教育		小计	1155~1260	1581~1763					一般小校（园）采用高限，大校（园）采用低限，标准较高大校（园）采用高限
医疗卫生	5	社区卫生服务站	24		300			0.7~2	含卫生服务中心的居住区不再设置卫生服务站
	6	社区卫生服务中心	50	75	2500		一般以街道办事处所辖区域范围为设置，可设综合病床	3~5	
		小计	74	75					
文化体育	7	室内文体活动中心	200				可包括文化娱乐（多功能影视厅、文娱艺术等），图书阅览，科技活动，青少年活动，康乐（健身房、棋牌室、室内体育活动等）等设施	0.7~1	可结合商业服务设施或社区管理服务设施综合设置
	8	室外文体活动场	20	400-450			可包括户外娱乐、集会、露天表演、儿童游戏、综合健身、篮球、门球等场地	0.7~1	宜设于公共绿地附近，兼有避难场所的功能
		小计	220	400-450					
商业服务	9	菜市场	20		800~1000			3~5	
	10	其他商业服务	680				可包括便利店、综合超市、再生资源回收点、银行储蓄所等	3~5	再生资源回收点可与密闭式清洁站结合布置，其他可设于住宅底层
		小计	700						

续表

类别	序号	项目名称	千人指标 建筑面积/m²	千人指标 用地面积/m²	一般规模 建筑面积/(m²/处)	一般规模 用地面积/(m²/处)	配置规定	服务规模/(万人/处)	备注
社区管理服务	11	社区服务中心	20~30		1000		可包括优抚服务、社会福利、咨询服务、婚姻服务、计生宣传咨询、家庭劳务服务等及相应管理用房和社区服务信息网络中心	3~5	可与有关项目组合或设于住宅底层
	12	街道办事处	30~40	50	1200~1500	1500	含工商、税务	3~5	可与有关项目组合
	13	派出所及巡察	30~40	36~50	1200~1500	1500~1800		3~5	可与有关项目组合或设于住宅底层
	14	社区居民委会	20~30		190		还可包括其他便民服务项目	0.3~0.9	可与有关项目组合或设于住宅底层
	15	社区卫生监督所	5					3~5	可与有关项目组合或设于住宅底层
	16	物业管理用房	20		200		可包括房管、维修、绿化、环卫、保安、家政服务、市政管理、社区治安管理自动化监控等	0.7~2	可与有关项目组合或设于住宅底层
		小计	125~165	86~100					
社会福利	17	养老院	90	130	2700	3900	老年人口占居住区总人口20%,百名老人设置床位2.5张,合5床/千人。按老人设置床位15~20m²/床,用地25~30m²/床标准设置。设置床位及相应娱乐康复健身设施(包含不少于30张床位的日间照料护理中心)	3~5	宜独立设置,可与幼儿园相邻设置。最低规模120床/所

类别	序号	项目名称	千人指标		一般规模		配置规定	服务规模/(万人/处)	备注
			建筑面积/m²	用地面积/m²	建筑面积/(m²/处)	用地面积/(m²/处)			
社会福利	18	老年活动场站	20	25	140~200	175~250	娱乐康复健身设施及活动场地	0.7~1	
	19	残疾人康复托养所	30~40	50~60	1500~2000	2500~4000	残疾人口占居住区总人口5%，百名残疾人设置床位4张，合2床/千人。按建筑15~20m²/床，用地25~30m²/床标准设置。设置床位及相应娱乐康复健身设施	5	100床位左右，含教学训练、康复娱乐门诊设施等，可结合养老院设置
		小计	140~150	205~215					
交通	20	公交首末站	30	170~200	300	4000~5000		2~3	根据规划区域统筹安排，应独立用地
	21	出租汽车站		20		100	停放出租汽车，为出租汽车送客、待客服务	0.5	宜结合小区出入口在道路用地以外单独设置
	22	存自行车处					按每户存自行车2辆，每车建筑面积1.5m²设置		可利用用地下室存车，分散设置
	23	居民汽车场库					0.4~1.4车位/户。含居民汽车场库0.3~1.3车位/户，社会停车场库0.1车位/户		宜做地下车库。社会停车场库根据规划布局确定，可独立区域，也可与居民汽车场库结合，设于地上或地下
		小计	30	190~220					

类别	序号	项目名称	千人指标		一般规模		配置规定	服务规模/(万人/处)	备注
			建筑面积/m²	用地面积/m²	建筑面积/(m²/处)	用地面积/(m²/处)			
市政公用	24	邮政所	20		200			0.7~2	宜在地上首层设置，便于邮政服务及生产
	25	邮政局	30	30	1200	1200		3~5	宜在地上首层设置，便于邮政服务及生产
	26	电信机房	52	35	2250~3750	1500~2500	3万~5万门/处 普通住宅的固定电话用户线不应少于2线（即2对线）/户，每万户居民须设置容量1.5万~2万门		仅设电信设备机房，不含管理办公用房
	27	开闭所	21	21	300	300	50-60万m²设一处		
	28	配电室	43		120		独立设置：10万m²设一处，建筑面积120m²。箱式：2万~3万m²设一处，建筑面积6m²		区分不同情况，酌情安排。鼓励采用用地面积较小的方式。可结合其他配套设施综合设置
	29	燃气调压站	1	1	6	25	地上调压柜：建筑面积6~10m²，用地面积25m²，地下调压站。楼栋式：在建筑物外墙设置		区分不同情况，酌情安排。鼓励采用用地面积较小的方式。应按相关设计规范考虑安全距离
	30	有线电视基站	1		200		基站：2万~3万m²设一处，光电转换间：100户设一处，建筑面积4m²，可不单独占地		仅考虑设备用房，不含管理用房。尽量与其他配套设施综合设置
	31	密闭式清洁站	10	12	120	150		0.7~1.5	

类别	序号	项目名称	千人指标		一般规模		配置规定	服务规模/（万人/处）	备注
			建筑面积/m²	用地面积/m²	建筑面积/(m²/处)	用地面积/(m²/处)			
市政公用	32	公厕	10	10	50			0.5	宜靠近老年人活动场所或公交首末站附近。尽可能附建于其他建筑内
	33	垃圾分类投放站		21		6	用地面积6~8m²/100户		仅用于放置垃圾分类收集设施
	34	锅炉房	97~337	138~482			无城市热网地区按不同燃料种类设置。燃煤锅炉房：50万~100万m²设一处，用地面积140m²/万m²。燃气锅炉房：3万~10万m²设一处，用地面积10~40m²/万m²		燃煤：应按集中锅炉房设置。燃气：可因地制宜，按建筑组团设置分散的中小型锅炉房。采用分户供热的可不设置
	35	热力点	36~72		200		城市热网地区设置。一般10万m²左右（不大于20万m²）设一处		采用分户供热的可不设置
	36	污水再生利用装置					如未与城市再生水管网相连，建筑规模5万m²以上者应设置，建筑面积20m²/万m²		宜安排在地下室或地下
	小计		321~597	270~614					
	总计		2765~3196	2807~3437					建筑面积3.0m²/人，用地面积3.1m²/人

资料来源：根据《北京地区建设工程规划设计通则（试行稿）》（2002）整理。

的基础上 ①，依据对应的公共服务设施配置指标进行具体的设施安排、规模确定和空间落位等。

北京的居住区公共服务设施（也称配套公建），主要包括教育、医疗卫生、文化体育、商业服务、金融邮电、市政公用、行政管理和其他等类别，居住区公共服务设施在空间布局上具有一定的规律性 ②：

（1）根据设施项目的使用性质和居住区的规划组织结构类型，采用相对集中与适当分散相结合的方式合理布局公共服务设施，并以利于发挥设施效益，方便经营管理、使用和减少干扰为目标。

（2）商业服务与金融邮电、文体等有关项目宜集中布置，形成居住区各级公共活动中心。在使用方便、综合经营、互不干扰的前提下，可采用综合楼或组合体的形式。

（3）居住公共服务设施应按有关规定设置无障碍设施。基层服务设施的设置应方便居民，满足服务半径的要求。

（4）居住区内公共活动中心、集贸市场和人流较多的公共建筑，应按照现行有关规定，就近配建公共停车场（库）。

（5）幼儿园宜独立设置，按其服务范围均衡分布，并设于方便家长接送的地段。幼儿园应有独立院落和出入口，其建筑及用地应满足日照规定。中学、小学应按其服务范围均衡布置，教学楼及操场应满足日照规定。学校操场与邻近住宅应有适当间隔，可将中小学操场、室外文体活动场列为避难场所。

（6）妥善安排存自行车处和居民汽车场库，停车设施应充分利用地下空间设置。

北京控规编制的实际经验表明，居住区的公共服务设施配套规划应注意以下几方面：

---

① 居住区规模（人口规模或建筑规模）是设施配套的基础数据。在北京，人口规模为地区规划总人口，计算方式为：根据规划住宅总建筑规模，按100m²/户，2.45人/户计算；建筑规模（总建筑面积）指规划的各类建筑规模之和，先计算地块建筑面积：地块建筑面积 = 地块面积 × 容积率，然后各地块建筑面积相加之和即为总建筑面积。

② 根据《北京地区建设工程规划设计通则（试行稿）》（2002）整理。

（1）居住区配套公建的配建水平，须与居住人口规模相对应。在实施过程中应与住宅同步规划、同步建设和同步投入使用。

（2）当规划用地内的居住人口规模界于组团和小区之间或小区和居住区之间时，除配建下一级应配建的项目外，还应根据所增人数及规划用地周围的设施条件，增配高一级的有关项目及增加相应的有关指标。

（3）流动人口较多的居住区，应根据不同性质的流动人口数量，增设有关项目及增加相应项目的面积。

（4）旧区改造和城市边缘的居住区，其配建项目与千人总指标可酌情增减，但应符合当地城市规划管理部门的有关规定。

（5）国家确定的一、二类人防重点城市，均应按国家人防部门的有关规定配建防空地下室，并应遵循平战结合的原则，与城市地下空间规划相结合，统筹安排。规划应将居住区使用部分的面积，按其使用性质纳入配套公建。

3.6 城市设计要求

控制性详细规划常常因为城市设计内容的融入变得更加综合全面，在编制方法和运作实施等方面实现了变革和进步；反过来，城市设计作为非法定规划，其实施亦需要以控制性详细规划等法定规划作为工具依托。控制性详细规划中的城市设计要求往往为引导性内容，以指明对城市空间塑造和环境形态营建的发展导向。

控制性详细规划制定（特别是重点地区）需要分析和研究规划区的环境特征、景观特色要素及空间关系，梳理规划区的城市空间结构和城市景观框架等，并结合上位规划与其他相关规划提出的相关城市设计要求，合理提出地段的城市设计指导原则和控制要求。天津实行"一控规两导则"的规划编制体系，从城市设计角度提出的单元／地块控制导则是控规实施的重要组成部分（图3-7）。上海控制性详细规划对附加图则需要制定的城市设计管控内容提出了明确规定（表3-12）[①]：①按照上位规划确定的城市空间构架和布局，合理组织各类功能空间，形成人工环境与自然环境有机融合、层次丰富的城市空间体系；②按照以人为本的原则，塑造舒适宜人的城市

---

① 根据《上海市控制性详细规划技术准则》（2011）整理。

公共空间；③彰显地区特色，传承历史文脉，体现时代精神，协调建筑与周边环境的关系，构建富有地域特征和文化内涵的城市风貌；④塑造空间背景整齐有序、景观标志特征突出的城市整体形象。

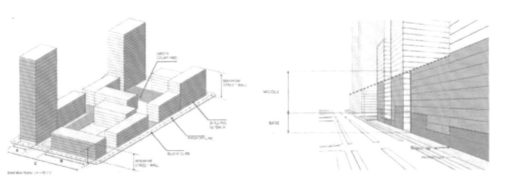

图 3-7　天津控制性详细规划中的城市设计导则示意（街墙类型控制）[9]167

表 3-12　上海控制性详细规划的附加图则城市设计控制内容一览表

分类		公共活动中心区			历史风貌地区			重要滨水区和风景区		交通枢纽地区		
分级指标	控制	一级	二级	三级	一级	二级	三级	一级	三级	一级	二级	三级
建筑形态	建筑高度	●	●	●	●	●	●	●	●	●	●	●
	屋顶形式	○	○	○	●	●	●	○	○	○	○	○
	建筑材质	○	○	○	●	●	●	○	○	○	○	○
	建筑色彩	○	○	○	●	●	●	○	○	○	○	○
	连廊 *	●	●	○	○	○	○	●	○	●	●	●
	骑楼 *	●	●	○	●	●	○	●	○	●	●	○
	地标建筑位置 *	●	●	○	●	●	○	●	●	●	●	○
	建筑保护与更新	○	○	○	●	●	●	●	○	○	○	○
公共空间	建筑控制线	●	●	●	●	●	●	●	●	●	●	●
	贴线率	●	●	●	●	●	●	●	●	●	●	●
	公共步行通道 *	●	●	●	●	●	●	●	●	●	●	●
	地块内部广场范围 *	●	●	●	●	●	○	●	○	○	○	○
	建筑密度	○	○	●	●	●	○	○	○	○	○	○
	滨水岸线形式 *	●	○	○	○	○	○	●	●	○	○	○

分类	分级指标 控制	公共活动中心区			历史风貌地区			重要滨水区和风景区		交通枢纽地区		
		一级	二级	三级	一级	二级	三级	一级	三级	一级	二级	三级
道路交通	出入口	●	●	●	○	○	○	●	○	●	●	●
	公共停车位	●	●	●	●	●	●	●	●	●	●	●
	特殊道路断面形式*	●	●	●	●	○	●	●	○	●	○	○
	慢行交通优先区*	●	●	●	○	○	○	●	○	○	○	○
地下空间	地下空间建设范围	●	●	●	○	○	○	●	●	●	●	●
	开发深度与分层	●	●	●	○	○	○	○	○	●	●	●
	地下建筑主导功能	●	●	●	○	○	○	○	○	●	●	●
	地下建筑量	●	○	○	○	○	○	○	○	●	●	●
	地下通道	●	●	○	○	○	○	○	○	●	●	●
	下沉广场位置*	●	○	○	○	○	○	○	○	●	●	○
生态环境	绿地率	○	○	○	○	○	○	●	●	○	○	○
	地块内部绿化范围*	●	○	○	●	●	●	○	○	○	○	○
	生态廊道*	○	○	○	○	○	○	●	○	○	○	○
	地块水面率*	○	○	○	○	○	○	●	○	○	○	○

注: 1. "●"为必选控制指标;"○"为可选控制指标。

　　2. 带"*"的控制指标仅在城市设计区域出现这种空间要素时进行控制。

资料来源: 根据《上海市控制性详细规划技术准则》(2011)整理。

第4章 控制性详细规划的设计课程教学设计

控制性详细规划的理论讲授课程 [①] 与设计课程所承担的教学任务、采用的授课方式、达到的教学目标等各自不同，适用的课堂教材也会有所区别：前者更加重视对控制性详细规划的发展演进、国内外经验、基本原理、技术方法和相关知识等的全面综合、系统性介绍，为学生从事控规实践提供必要的基础知识储备；后者则需从规划编制和实际操作层面入手，帮助学生调动、巩固与合理应用学习过的相关城市规划知识和技术方法，并增补必要的控规编制专业技能，有效指导学生在课堂学习过程中完成一整套控制性详细规划成果的编制。学生在这个过程中需学会控规编制的过程要点、成果要求、技术方法等。

4.1 控规设计课程的教学背景

从国内建筑类高校开设控制性详细规划设计课程的现状来看，题目设置和课堂组织上采用的教学模式主要包括两类。

一是将政府委托的真实控规项目引入课堂，在实战中培养学生的控规编制技能。这种做法常常因为项目周期与课堂教学周期（通常为 8 周）无法完全匹配，项目进程难以受控或优先服务于教学等原因，使得课堂成效打了折扣。委托方对项目完成时间、规划内容等的特殊要求与临时变动，带来课堂教学上的不确定性和潜在风险，甚至可能造成课程组织的混乱。

二是授课教师针对性地选择城市中的某一地段，带领学生在规定的学习

---

① 独立设课或纳入《城市规划原理》等课程进行讲授。

时间段内完成一个假定的控制性详细规划方案。这种方式更为稳定和普遍，其不足之处在于假定的题目可能与实践和规划最新进展相脱节，教师亦可能因在工程一线的工作经验不足而导致规划与工程技能传授的滞后和不完整。

可见，将控制性详细规划编制的"真题"引入课堂，在"教学—项目"两者的耦合度上面临风险和挑战；单做控规"假题"又容易脱离现实世界，使得最需要对接规划管理和落地实施的控规编制训练难以真实到位。这些困境充分反映出控规设计教学有效开展的不易，且高校间缺少成功经验的相互借鉴，以至于一些高校的城乡规划本科课程没能设置控制性详细规划的设计教学模块，仅在理论课中进行相关知识的介绍和引导，带来学生规划设计技能训练的局部缺失。

4.2 教学模式与教学方法设计

控制性详细规划的知识综合性强、法定地位高、工程技术含量高、实践经验要求深，为了避免高校的"封闭式"教学造成课堂实战效果不理想，学生对知识要点难于理解，交通、市政和用地等工程规划技术传授不全面，授课内容和技法难以跟上控规改革新趋势等系列问题。清华大学建筑学院在规划本科三年级的控规设计课教学中，通过"校企联合教学""开发地块研究""设计转译图则""城市设计—控规联合设题""开放式评图"等模式创新，探索了多渠道的教学方法改革。

4.2.1 校企联合教学

清华大学建筑学院与北京市城市规划设计研究院达成多年的合作协议：每年春季学期，来自学院的教师与来自设计院的高级工程师们组成"产学研一体化"的教学队伍，一起指导为期 8 周的本科"控制性详细规划"设计课程，创建优势互补的教学新途径。校企联合教学模式具有以下课堂组织特点：

（1）以北京作为控规设计课教学的实践基地

教学团队发挥地处首都北京的本土优势，坚持以北京作为控规设计课程的规划对象,实现紧跟北京城市发展动向和控规变革进展的教学训练。同时,除国家相关法律法规和技术规范外,学生需学习和熟知北京控制性详细规划编制的地方性规定,以此为依据完成控规成果编制。

（2）规划院支持下的设计选题与规划地段确定

教学组每年从不同视角切入,确定控规编制题目的训练类型、关注方向和地段选择等。北京市城市规划设计研究院借助立足当地、从事地方实践、服务地方政府的优势,为设计课程的选题与选地段等提供了重要的策略建议和信息资料支持。

（3）规划院提供专业技术讲座

规划院的工程师结合设计教学要求组织专题讲座,将首都地区最前沿的控规编制方法和改革趋势带入课堂,通过一线的控规实践经验讲解为学生提供规划编制的专业知识储备,内容包括控规编制方法与案例分析、北京市用地分类标准、道路交通规划、竖向与市政基础设施等。

（4）学校教师与规划院工程师联合指导学生设计

在每周两次的设计课中,企业教师与学校教师结成小组,指导学生通过"在做中学"逐步完成控规的方案编制（图4-1）。高校教师与企业工程师之间的知识碰撞和思维探讨,激发与引领着学生的学习兴趣和动力,学生在综合"两家之长"的设计指导过程中收获知识与技能。

图4-1 控制性详细规划"高校—企业"联合教学课堂

4.2.2　开发地块研究

控制性详细规划的一项重要工作是划定规划单元和地块，并针对单元、地块的控制要素作出约束性规定。在确定控规的主要控制指标内容时，如容积率、绿地率、建筑高度、建筑密度、公共设施配套要求等，学生面临的最大挑战在于如何在控制指标和真实的空间形态之间建立起对应关系——理解这种关系，是控规编制能科学给定控制指标的重要前提。清华控规设计课通过设置城市已开发地块的指标研究这一教学模块，有效搭建了指标与形态间的学习桥梁。"开发地块研究"的基本做法是让学生选择不同类型的城市代表性建成街区，分析研究地块的建筑高度、建筑密度、容积率、绿地率等关联指标和设施配套信息，并制作地块模型——通过跑现场的亲眼所见、基于模型制作的亲手体验、基于数据统计的亲自验证等，来建立起对规划指标与建成形态的对应理解（图4-2），具体教学方案与成果示意见第5章。

图4-2　城市开发地块研究的教学课堂

4.2.3 设计转译图则

体现城市规划建设意图的规划设计方案，能为控制性详细规划编制提供重要的管控条件设置依据，并充分反映城市政府期望通过控规制定与管理实施达到的建设目标。因此，将优秀的规划设计方案"转译"为控规成果，是控制性详细规划编制的重要技能。清华控规设计课在早期曾尝试将设计地段的城市设计国际招标成果提供给学生，让学生以竞标方案为依据，在合理调整和允许创新的基础上，编制完成地段的控规成果——以此帮助学生充分理解设计语言与规划管控语言的异同，以及控规对接上位规划、落实相关设计成果意图的技术方法。这种"设计转译图则"的教学模式，有效解决了短短 8 周控规教学实践中难以融入城市设计方案研究的现实困境。具体教学方案与作业示意见第 6 章。

4.2.4 "城市设计—控规"整体教学

实际项目中，城市设计结合控规的编制做法在我国规划实践中已经相当普遍。通过城市设计增加三维空间形态的建设指引研究，可以弥补传统控规编制过度关注刚性指标制定的种种不足，丰富控规编制内容并为管控数值与点线等的确定提供参考依据。为此，清华控规设计课探索了"城市设计"结合"控制性详细规划"的一体化规划设计教学流程，推动学生实现从"城市形态设计"到"规划管控要求"之间的知识和技能衔接。具体做法是将春季学期后 8 周的"控制性详细规划（城乡规划设计 4）"与前 8 周的"城市设计（城乡规划设计 3）"结合成 16 周的整体设计课堂开展教学。通过对同一规划设计地段从城市设计到控规编制的两阶段训练，同时强化和提升学生对二者的理解和认识，掌握形态设计与规划管控的方法途径与衔接关系，在拓展两门课程教学深度和丰富度的基础上，实现"1+1>2"的教学效果。具体教学方案与作业示意见第 6 章。

4.2.5 开放式评图

开放式评图有助于打破课堂教学的"闭环"，引入新思想、新思维和新判断，是当前建筑、规划、景观类设计课程广泛采用的评图模式。清华控规设计课在期中与期末评图过程中，邀请来自规划企业、高校及规划管理部门的不同专家，组成角色多元的专家点评小组，对学生的规划编制成果开展综合评价并给出改进建议（图4-3）。校内外评图专家组汇聚多方智慧力量，从不同关注视角、不同利益诉求、不同价值判断维度引导学生思考，促使学生更加全面地认识自己方案的优势或不足，不断提升其专业理解力、判断力与规划成果本身。课堂改革还可进一步尝试邀请设计地段的热心业主参与评图，请他们依据自身实际需求和大众眼光来判读学生的规划成果。

图4-3　控制性详细规划开放式评图的场地准备

4.3　教学大纲与课程安排

基于上述教学模式和改革方向，作为面向规划本科三年级学生开设的设计实践必修课，清华控制性详细规划的基本课程信息与课堂特点详见表4-1。课堂的学生规模为15~20人，参与教学的固定高校教师为2~3人，全程或部分参与教学的规划院工程师约4人。控规课程在时间安排和教学设置上主要分为四个阶段（表4-2）：

（1）第一阶段（1周）：地段调研，控规编制方法、案例与相关知识讲座（控规编制方法与案例分析）。

（2）第二阶段（1.5周）：城市已开发地块的形态与指标研究（现场调研、模型制作、综合分析与指标比较）。

（3）第三阶段（4.5周）：规划方案编制，配套市政工程技术知识讲座（北京市用地分类标准、道路交通规划、竖向与市政基础设施），中期评图。

（4）第四阶段（1周）：成果制作、成果汇报与最终评图。

表4-1　课程基本信息汇总

课程名称	城乡规划设计(4)：控制性详细规划	学分情况	3学分（规划专业必修）
授课对象	城乡规划本科三年级学生（15~20人）	上课时间	春季学期（8周，16堂课）
授课方式	校企合作	授课语言	中文
校方授课老师	2~3人[①]	企业授课老师	4人[②]（分别来自城市设计所、详细规划所、交通规划所与市政规划所）
教学目标	掌握基本的控制性详细规划编制技术；初步具备综合运用相关知识完成控规编制的能力，实现规划知识点间的衔接与综合应用；了解控规的法律地位、发展动态、管理实施与技术创新等		
地段规模	城市设计：20~30hm^2（16周联合教学中，设计地段选择位于控规单元中） 控制性详细规划：1~2km^2（控规单元）		
教学模式改革特点	• 采用"校企合作"的联合教学模式。将北京作为控规实践的对象城市，每年从不同视角切入确定控制性详细规划的类型方向和地段选择，规划院提供有价值的设计地段选择建议和相关信息资料支撑。 • 规划院的工程师通过专业技术讲座，为学生提供控规编制必备的专业知识储备和一线经验分享。 • 通过"开发地块研究"模块，帮助学生理解地块控制指标和建成空间形态之间的对应关系。 • 高校教师与规划院工程师共同指导学生的控规方案，引导学生通过"在做中学"逐步完成规划设计方案。 • 在8周独立控规教学中，训练学生将规划设计方案转译为控规成果的具体技能，深化学生对控规编制的作用、特点、语言、技能等的理解和掌握。 • 在16周的"城市设计"结合"控制性详细规划"的整体规划设计教学中，帮助学生理解和掌握从"城市形态设计"到"规划管控要求"之间的知识和技能衔接。 • 期中与期末规划评图，邀请来自规划企业、学校及管理部门的专家等组成多元角色的点评小组，对学生的规划编制成果给出不同角度的评价和建议		

---

① 先后参与控规设计教学的清华大学建筑学院教师包括吴唯佳、唐燕、黄鹤、田莉。

② 参与控规设计教学的北京市城市规划设计研究院工程师包括王崇烈（城市设计所）、邢宗海（详细规划所）、盖春英（交通规划所）、魏保义（市政所规划）。

表 4-2　课程安排与阶段设置主要内容（8 周）

阶段 / 目标成果	内容
目标成果	• 城市开发地块研究与控制指标分析成果 1 套（模型 + 指标） • 控制性详细规划图纸与图则 1 套 • 控制性详细规划文本及说明书 1 套 • 案例分析、经验学习、控制方法研究等其他辅助成果
第一阶段（1 周）	• 任务布置与地段调研 • 规划院工程师配套讲课：控规编制方法与案例分析
第二阶段（1.5 周）	开发地块研究与控制指标探讨
第三阶段（4.5 周）	• 控制性详细规划编制（8 个要点步骤进阶）：①用地分类与交通路网；②控制指标；③控制线与控制点；④公共服务设施配套；⑤竖向规划 / 市政工程规划；⑥引导性内容；⑦图则（总图则与分图则）；⑧控规文本与说明书 • 规划院工程师配套讲课：①北京市用地分类标准；②道路交通规划；③竖向与市政基础设施 • 中期成果汇报与评图（评图专家团队：规划院工程师、高校教师、政府管理者等）
第四阶段（1 周）	成果制作、成果汇报与最终评图（评图专家团队：规划院工程师、高校教师、政府管理者等）

4.4　作业要求与规范性

　　课程对学生的成绩评价是一个多途径考察过程，包括调查研究、规划方案、汇报表达、成果规范性等。对于控制性详细规划的出图标准、排版要求和文本表达，由于国家和地方技术规范往往给出了不同深度的相关规定，课程教学要求学生须依照此类规范进行成果表达，使用 CAD 软件绘制电子成果，从而实现严谨的定位、定线和定点等规划控制制图工作。依据北京市规划委员会 2013 年颁布的《城乡规划计算机辅助制图标准》，北京编制控制性详细规划成果需要遵循的计算机制图规则包括：城乡用地的图层命名与图例绘制规则（表 4-3）、城乡规划用地高度控制的图层命名与图例绘制规划（表 4-4）、市政工程管线综合规划图层命名与图例绘制规则（表 4-5）、市政设施符号绘制规则（表 4-6）、公共设施符号绘制规则（表 4-7）、历史文化资源符号绘制规则（表 4-8) 等。

表 4-3　城乡用地的图层命名与图例绘制规则示意[73]

用地代码	用地图层名称				图例	颜色
	用地线框层		用地填充层			
	现状用地	规划用地	现状用地	规划用地		
A	B-A_ 公共管理与公共服务设施用地	A-A_ 公共管理与公共服务设施用地	HB-A_ 公共管理与公共服务设施用地	HA-A_ 公共管理与公共服务设施用地		255, 0, 255
A1	B-A1_ 行政办公用地	A-A1_ 行政办公用地	HB-A1_ 行政办公用地	HA-A1_ 行政办公用地		255, 0, 255
A2	B-A2_ 文化设施用地	A-A2_ 文化设施用地	HB-A2_ 文化设施用地	HA-A2_ 文化设施用地		255, 127, 0
A21	B-A21_ 图书展览用地	A-A21_ 图书展览用地	HB-A21_ 图书展览用地	HA-A21_ 图书展览用地		255, 127, 0

表 4-4　城乡规划用地高度控制的图层命名与图例绘制规划示意[73]

用地高度图层名称		内容说明	图例	颜色
用地高度线框层	用地高度填充层			
C- 原貌保护区	HC- 原貌保护区	原貌保护区		204, 178, 102
C-3m	HC-3m	3m 控高区		223, 255, 127
C-6m	HC-6m	6m 控高区		255, 255, 127
C-9m	HC-9m	9m 控高区		255, 223, 127
C-12m	HC-12m	12m 控高区		255, 127, 0
C-18m	HC-18m	18m 控高区		255, 127, 127

表 4-5　市政工程管线综合规划图层命名与图例绘制规则示意[73]

类别	图层名称	内容说明	图例	颜色	要素类型
雨水	GX-FAZH-YS-L- 现状雨水管	现状雨水管		255, 191, 0	线
	GX-FAZH-YS-L- 规划雨水管	规划雨水管		255, 191, 0	线
	GX-FAZH-YS-L- 规划废除雨水管	规划废除雨水管		255, 191, 0	线
	GX-FAZH-YS-L- 远期规划雨水管	远期规划雨水管		255, 191, 0	线
	GX-FAZH-YS-P- 雨水井	雨水井		255, 191, 0	点
	GX-FAZH-YS-P- 雨水管道入河	雨水管道入河符号		255, 191, 0	点
	GX-FAZH-YS-P- 现状雨水泵站	现状雨水泵站		255, 191, 0	点

表 4-6　市政设施符号绘制规则示意 [73]

类别	图层名称	符号	颜色		要素类型	备注说明
			现状	规划		
供水	FH-SZ- 自来水厂	㊌	0，0，255	255，0，0	点	
	FH-SZ- 调节水池	㊪	0，0，255	255，0，0	点	
	FH-SZ- 取水设施	◉	0，0，255	255，0，0	点	
	FH-SZ- 供水泵站	◉	0，0，255	255，0，0	点	
	FH-SZ- 地下水井	◉	0，0，255	255，0，0	点	
	FH-SZ- 输水管线	—⊗—	0，0，255	255，0，0	线	
	FH-SZ- 供水管线	—⊗—	0，0，255	255，0，0	线	

表 4-7　公共设施符号绘制规则示意 [73]

类别	图层名称	符号	颜色		要素类型
			现状	规划	
公共服务设施	FH-GG- 行政中心	★	0，0，255	255，0，0	点
	FH-GG- 公安派出所	⬢	0，0，255	255，0，0	点
	FH-GG- 工商所	◼	0，0，255	255，0，0	点
	FH-GG- 税务所	㊐	0，0，255	255，0，0	点
	FH-GG- 街道办事处	★	0，0，255	255，0，0	点

表 4-8　历史文化资源符号绘制规则示意 [73]

类别	图层名称	符号	颜色	要素类型
世界文化遗产	FH-LS- 世界文化遗产	◉	195，62，6	点
不可移动文物	FH-LS- 全国重点文物保护单位	▲	255，0，0	点
	FH-LS- 全国重点文物保护单位保护范围	▢	255，0，0	雨
	FH-LS- 市级文物保护单位	▬	255，127，0	点
	FH-LS- 市级文物保护单位保护范围	▢	255，127，0	雨
	FH-LS- 区县级文物保护单位	◺	255，0，255	点

第5章 从空间形态到管控指标：开发地块研究

5.1 空间形态与管控指标的内在联系

规划单元或地块的指标给定的科学性和权威性，经常成为控规成果引发质疑的焦点内容，也常因为在控规实施中与现实要求差距过大，执行起来困难重重，导致频繁的控制性详细规划局部调整。因此，控制性详细规划编制中，科学合理地确定每一项控制指标的具体赋值是富于挑战的核心工作任务。

做好控规的指标赋值工作，其前提是能够对每项指标的含义和作用具备深入的理解，并且建立起控制指标与建成形态之间的对应关系。目前我国控规指标给定的常规方法大部分还是出于标准遵从、统计比较或者经验判断，也即从经验出发，基于土地的区位与性质、地块及周边现状等具体条件，对比参照类似城市地块的指标容量，以及城市规范对指标设定的相关要求等做出的综合判断——部分项目还会通过城市设计或开发方案研究来帮助具体指标拟定。在这个过程中，经验很大程度来自于对城市已开发地块的指标建成规律的理解、积累和把控。因此，在控规设计课程中设置"开发地块研究"的短期教学板块，能够帮助学生在开始具体地段的规划设计之前，直观理解"管控指标"和"空间形态"之间的内在关系，为其后控规编制的指标设定与赋值等储备经验与整体判断能力。

5.2 教学题目设定

城市"已开发地块研究"教学模块的题目设置，要求学生在充分理解城市现状的基础上，合理选择由城市支路（支路间距一般为 150~250m）

围合而成的典型城市开发地块进行现状调查与指标对比分析，并通过
1：500的模型制作来强化对指标建成意向的掌握，由此搭建起规划指
标与建成形态之间的学习桥梁。开发地块研究的训练内容与过程如下：

（1）以北京为主要研究对象，采用类型学方法进行开发地块选择

学生依据开发地块主导功能的不同，将地块分为居住地块、办公地块、
商业地块等几类，按照不同类型分别进行案例地块选择、现场考察、数据
分析与模型制作，并最终汇总形成类型化的地块开发指标体系的综合对比
与成果分析（图5-1）。其间，学生还可有目的地选择其他城市和地区的典
型地块，通过与北京的对比来拓展和深化领域认知。

图5-1　研究的案例开发地块在北京中心城区的分布（2016年，北京）

（2）针对不同类型地块分小组开展调查与研究

以负责居住类开发地块的学生研究小组为例（表5-1），由于居住区从

建筑高度来看，有传统平房区、低层别墅区、多层住宅区和高层住宅区等；
从建成形态来看，有围合式住宅区、点式住宅区、行列式住宅区等的区别。
小组中的每位同学可据此选择具有某一指标或形态特征的居住地块完成个
人研究工作，组内所有成员的调查成果整合后，形成相对完整的居住类型
地块分析成果。

表 5-1　学生调查分组与类型地块选择（2016 年）

地块类型	小组人数	研究城市 / 地区	案例数量	形态特征	分析调查内容
居住地块	5 人	北京、香港、纽约、巴塞罗那	13	低层住宅、多层住宅、高层住宅等	案例名称、地块位置、用地性质、容积率、建成年份、建筑高度、建筑层数、建筑密度、绿地率、建筑形态特征等
商业地块	4 人	北京、上海、巴塞罗那、新泽西州	8	传统沿街商业、商业综合体、郊区大型购物中心（Outlets）等	
办公地块	5 人	北京、天津、济南、纽约	10	中低层办公楼、高层办公楼、独立产业园等	

（3）地块研究成果整合

开发地块调查研究的主要内容包括案例名称、地块位置、用地性质、容
积率、建成年份、建筑高度、建筑层数、建筑密度、绿地率、建筑形态特
征等。为了便于个人、小组之间的成果能够统合，需事先约定模型制作的
比例（1：500）、材质（灰色厚卡纸）、案例分析的图式表达（统一模板）、
采用的比例尺（统一比例）等。

5.3　研究成果示范

本节示范的开发地块分析研究成果来自 2016 年度的教学内容，涉及居
住、商业和办公三类地块[①]。学生通过现场测验、模型制作与数据统计的多
重印象强化，在选择与分析不同开发地块的过程中认识和理解建成环境。

特别需要说明的是，由于学生通常以现场看见的道路与自然边界作为研
究地块分析的基地范围，导致分析成果中的用地范围、用地性质与控制指

---

① 居住地块研究小组成员为张阳、刘瞻远、郑琳奕、杨卓、李静雯；商业地
块研究小组成员为严文欣、刘恒宇、井琳、梁潇；办公地块研究小组成员为陶佳琪、
李诗卉、姚久鹏、欧阳惠雨、卢笛。

标数据的得出与所选项目的实际规划批复用地边界、建设指标规定等存在一定的差异，但这并不影响学生在这个接近真实却又具有一定假定条件的课程训练中，获得相应的知识积累与认识提升。

5.3.1 居住类地块

居住地块研究包括 13 个案例（表 5-2，表 5-3），按照地块容积率的大小排序（0.3~13.5）分别为：小堡村民居（北京通州宋庄镇）、三眼井胡同、龙湖·双珑原著、百万庄·子区、北京·印象、清华大学东楼小区、巴塞罗那标准街区单元（西班牙巴塞罗那）、大西洋新城·B 区、华润·橡树湾、德福花园（香港）、建外 SOHO·东区、麓景花园（香港）、NEW YORK E55th Ave 街区（美国纽约），涵盖了村庄、传统四合院、多层住宅与高层住宅等差异化的类型。

表 5-2 居住类开发地块相关信息与建设指标分析（Ⅰ）

编号	案例名称	所在城市	位置	建成时间	类型	用地性质
1	小堡村民居	北京	顺义区，六环以外，小堡村内，徐宋路以西	20 世纪末	农村民居	村庄建设用地
2	三眼井胡同	北京	东城区，景山东侧	明代	传统民居	二类居住用地
3	龙湖·双珑原著	北京	朝阳区，五六环之间，顺黄路南侧	2013 年	别墅	一类居住用地
4	百万庄·子区	北京	西城区，二三环之间，车公庄大街南侧	1950 年	板式多层	二类居住用地
5	北京·印象	北京	海淀区，定慧桥西北侧	2003 年	板式中高层	二类居住用地
6	清华大学东楼小区	北京	海淀区，清华大学	1970 年	板式多层	二类居住用地
7	巴塞罗那标准街区单元	巴塞罗那	城区最典型单元	19 世纪	板式多层	混合居住用地
8	大西洋新城·B 区	北京	朝阳区，望京阜通西大街	2003 年	板式中高层	二类居住用地
9	华润·橡树湾	北京	海淀区，清河朱房路	2003 年	板式高层	二类居住用地
10	德福花园	香港	九龙，九龙湾启祥道	1980 年	点式高层	二类居住用地
11	建外 SOHO·东区	北京	朝阳区，三环以西，建外大街南侧	2003 年	点式高层	商住混合用地

编号	案例名称	所在城市	位置	建成时间	类型	用地性质
12	麓景花园	香港	九龙，九龙湾宏照道	1985 年	点式高层	二类居住用地
13	NEW YORK E55th Ave 街区	纽约	NEW YORK E55th Ave	1990 年	点式高层	居住用地

表 5-3 居住类开发地块相关信息与建设指标分析（Ⅱ）

编号	案例名称	容积率	层数	高度 /m	建筑密度 /%	绿地率 /%	形态
1	小堡村民居	0.32	1 层	4	31.78	9.51	联排院落，鱼骨状街道形态
2	三眼井胡同	0.33	1、2 层	3.5	35.70	8.24	老北京胡同四合院。房屋间大片区域存在违建
3	龙湖·双珑原著	1.1	3、6 层	18/9	29.47	36.15	北侧六层叠拼别墅，中心大户型独栋，西、南、东三侧小户型独栋
4	百万庄·子区	1.2	3 层	9	40.49	27.90	回字型布局
5	北京·印象	1.5	9~12层（含3层裙房）	42/29/11/4	44.43	36.20	板楼连接单位组团。组团东、西、北侧为 9 层板楼，南侧 3 层板楼围合，通过南北向楼连接
6	清华大学东楼小区	1.6	6 层	18	26.17	48.73	行列式，封闭式
7	巴塞罗那标准街区单元	2.6	5 层	15	51.17	30.90	围合式布局，全开放，底层商业，街区 45°
8	大西洋新城·B 区	2.6	6、9 层	28	32.80	22.60	混合布局板楼，斜向分布
9	华润·橡树湾	3.0	12、18、23层	70/55/37	16.20	52.14	封闭小区，大多数为 18 层板楼，东南为 12 层板楼，东北为 23 层板楼
10	德福花园	4.0	13 层	40	33.30	9	地铁物业，地下与地铁相连；十字形高层建筑
11	建外 SOHO·东区	5.2	18 层（含3 层裙房）、30 层	103/54/9	38.40	27.20	公寓办公混合，全开放体系；建筑侧 30°，东南四栋 18 层，减少阳光阻挡
12	麓景花园	6.8	35 层	86	20.30	26	住宅楼围绕运动场分布，十字形建筑
13	NEW YORK E55th Ave 街区	13.5	9、40、45层	135/120/27	40.30	13.20	方格网

小堡村民居

街区面积：44349m²
建筑面积：14191.7m²
建筑占地面积：14094.1m²
公共绿地面积：4217.6m²

小堡村于明代聚集成村落，为防潮白河水冲击村庄，先民在村的东侧、北侧和西侧堆积沙丘，形成沙堡，因此称作小堡村。将"堡"字拆开来看，为人、口、木、土，意思是人民有土地可以生存，有树木可以生长，体现出小堡村人与自然的和谐。

小堡村传统民居聚落呈鱼骨状排列，每家每户都营建一个小院子，院子一字排开，便形成了鱼骨状建筑肌理。民居聚落主要为一层建筑，极少数加建为两层。随着时代变迁，传统的民居越来越不能满足居民对高容积率的要求，于是不少居民开始在院内加建小房子，形成了如今的杂院聚落。

案例名称	城市	位置	建成时间	用地性质	容积率	高度	层数	建筑密度	绿地率	形态
小堡村民居	北京	顺义区，六环以外，小堡村内，徐宋路以西	20世纪末	农村民居/村庄建设用地	0.32	4m	1层	31.78%	9.51%	联排院落，鱼骨状街道形态

区位分析

项目平面

模型照片1

街景展示

建筑肌理

模型照片2

170m

117m

三眼井胡同

街区面积：18801m²
建筑面积：7520.4m²
建筑占地面积：6768.4m²
公共绿地面积：1549.2m²

三眼井胡同在清代属皇城，乾隆时称三眼井胡同，因胡同内有一口三个井眼的井而得名；宣统时称三眼井，后其井因阻碍交通被毁掉；1965年整顿地名时将二眼井并入，改称景山东胡同；1981年复称三眼井胡同。

作为北京早期25片历史文化保护区之一的三眼井改造是一次四合院群落整体改造，它不仅继承和发展了四合院的传统形式，保护原有胡同和四合院文化肌理，同时与历史文化保护区风格相协调的居住形式既弘扬了北京古都的风情文化、推动了旧城区的改造建设，又向世界展示了中华民族古老建筑璀璨艺术。

案例名称	城市	位置	建成时间	用地性质	容积率	高度	层数	建筑密度	绿地率	形态
三眼井胡同	北京	东城区景山东侧	明代	传统民居/二类居住用地	0.33	3.5m	1、2层	35.7%	8.2%	老北京胡同四合院，房屋间大片区域存在违建

区位分析

项目平面

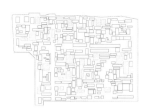

模型照片1

街景展示

建筑肌理

模型照片2

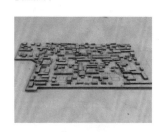

龙湖·双珑原著

街区面积：92182m²
建筑面积：10168m²
建筑占地面积：27166m²
公共绿地面积：33324m²

"龙湖·双珑原著"位于朝阳区东北五环，整个中央别墅区的中心位置，是整个朝阳区也是中央别墅区最后一片低密住宅用地。东临京顺路、机场高速，西临京承高速，与孙河地铁站相距1.5 km，三站可到望京，形成一个两横四纵一轨道的立体交通网络。项目距离首都国际机场6 km，望京 CBD7 km，距离国贸商圈14 km，是真正意义上的城市低密度产品。

该别墅区主要分为三个部分：北侧的六栋六层的叠拼别墅，南侧周围的三层小户型独栋别墅，和位于核心的三层大户型独栋别墅。小区交通呈"回"字形分布，人车分流。绿化面积极大，每栋别墅均有后院，整个住宅区更是被绿化环绕。

案例名称	城市	位置	建成时间	用地性质	容积率	高度	层数	建筑密度	绿地率	形态
龙湖·双珑原著	北京	朝阳区，顺黄路南侧	2013年	别墅／一类居住用地	1.1	9m/18m	3、6层	29.47%	36.15%	北侧六层叠拼别墅，中心大户型独栋，西、南、东三侧小户型独栋

区位分析

项目平面

模型照片1

街景展示

建筑肌理

模型照片2

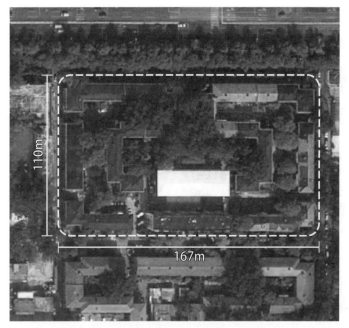

百万庄·子区

街区面积：17211m²
建筑面积：20907m²
建筑占地面积：6969m²
公共绿地面积：3539m²

百万庄·子区位于车公庄大街南侧，二三环之间，与车公庄西地铁站相邻；白万庄大街与北礼士路、展览馆路相交；展览馆路以西，路北是百万庄北街，路南是百万庄南街，西端是百万庄路。

以百万庄大街为轴线，以北是百万庄北里、中里，以南是百万庄南里；中里之西是百万庄子区、丑区、寅区、卯区，以东是未区、午区、巳区、辰区。子未之间是申区。中里原为扩地，坟岗，20世纪50年代建居民区，称东平房。因居于百万庄住宅区中心地带，1981年定今名。北里原为果园，70年代建简易楼(灰白色砂子砖)，称"宇宙红"。其西侧的三里河路时称宇宙红路。南里原为菜地，种黄花菜，又称黄瓜菜。60年代建楼后称西黄瓜园。

案例名称	城市	位置	建成时间	用地性质	容积率	高度	层数	建筑密度	绿地率	形态
百万庄·子区	北京	西城区，二三环之间，车公庄大街南侧	20世纪50年代	板式多层/二类居住用地	1.2	9m	3层	40.49%	27.90%	回字形布局

区位分析

街景展示

项目平面

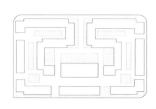

建筑肌理

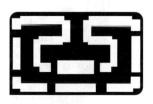

模型照片1

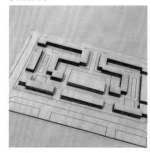

模型照片2

北京·印象

街区面积： 76518m²
建筑面积： 174368m²
建筑占地面积： 47237m²
公共绿地面积： 27700m²

"北京·印象"位于西四环与阜成路交叉口、定慧立交桥的东北角，地上建筑面积13万m²，占地4.6万m²。小区规划有商务公寓、住宅以及会所等配套设施。会所面积约1600m²，包括咖啡厅、阅览室、书店、棋牌室、美容院、健身房、桑拿房等，并独有国际标准短道泳池。住宅停车全部安排在地下，真正实现人车分流。周边生活配套齐全，各大医院、各种特色餐厅、四通八达的公共交通线路、辐射往北的高等学府等，汇成丰富的社区生活。

项目由德国当代最有影响力的建筑师奥托·施泰德勒（Otto.Steidle）主持设计，其设计作品除在德国当地极受推崇外，在欧洲的其他国家也同样很欢迎，奥地利、意大利等地都有其住宅作品。

案例名称	城市	位置	建成时间	用地性质	容积率	高度	层数	建筑密度	绿地率	形态
北京·印象	北京	海淀区，定慧桥西北侧	2003年	板式中高层/二类居住用地	1.5	42m/29m/11m/4m	9~12层（含3层裙房）	44.43%	36.20%	板楼连接单位组团，组团东、西、北侧为9层板楼，南侧3层板楼围合，通过南北向楼连接

区位分析

项目平面

模型照片1

街景展示

建筑肌理

模型照片2

清华大学东楼小区

街区面积： 25291m²
建筑面积： 39741m²
建筑占地面积： 6619m²
公共绿地面积： 6180m²

清华大学东楼小区位于北京市海淀区清华大学内部，西与照澜院综合商业服务区相接，东部紧邻清华大学荒丁道学堂路，与基础工业训练中心、富士康纳米研究中心相对。

该小区为封闭式小区，选取的标准地块单元内有8块6层高板楼，呈行列式排布。由于沿南北道路平行排布，其中间形成一块相对较大的三角块地安置公共绿化、设施、运动器械等。住宅由北侧入户，南侧为宅前绿地。小区内部环境优美，绿化较好。

案例名称	城市	位置	建成时间	用地性质	容积率	高度	层数	建筑密度	绿地率	形态
清华大学东楼小区	北京	海淀区清华大学	1970年	板式多层/二类居住用地	1.6	18m	6层	26.17%	48.73%	行列式，封闭式

区位分析

街景展示

项目平面

建筑肌理

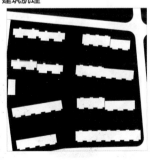

模型照片 1

模型照片 2

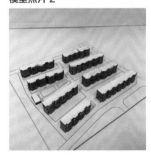

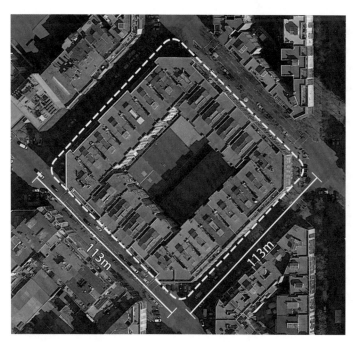

巴塞罗那标准街区单元

街区面积: 12683m²
建筑面积: 32450m²
建筑占地面积: 6490m²
公共绿地面积: 3919m²

巴塞罗那（Barcelona）是加泰罗尼亚自治区首府、巴塞罗那省省会，位于伊比利亚半岛的东北面，濒临地中海。全市人口约 160 万，都会区人口约则 500 万。加泰罗尼亚自治区议会、行政机构、高等法院均设于此，其城市建设以方格网状规划闻名。

巴塞罗那的典型街区一般为 113m×113m，呈 45°棋盘状分布，一般道路宽约 10m，人行道宽 4m。由合院外侧入户，内部院子通常被临时建筑和占用。标准户型的面宽通常为 6m，进深 12~20m，户型内有天井用于采光，高度通常为 5 层 15m，顶层一般会有几个单层的退后的小阁楼别墅，底层为商业，呈开放式围合布局。

案例名称	城市	位置	建成时间	用地性质	容积率	高度	层数	建筑密度	绿地率	形态
巴塞罗那标准街区单元	巴塞罗那	城区最典型单元	19 世纪	板式多层/混合居住用地	2.6	15m	5 层	51.17%	30.90%	围合式布局，全开放，底层商业，街区呈 45°

区位分析

街景展示

项目平面

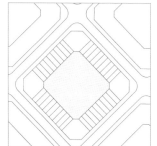

建筑肌理

模型照片 1

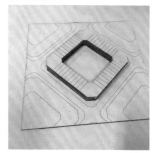

模型照片 2

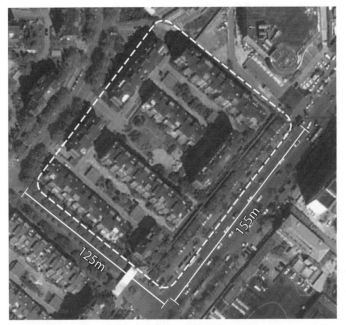

大西洋新城·B区

街区面积： 13340m²
建筑面积： 34150m²
建筑占地面积： 4276m²
公共绿地面积： 3015m²

大西洋新城位于北京市东北部望京社区的中心位置，交通便捷。占地27hm²，住宅建筑面积约50万m²。社区配套齐全、规划完整统一、几千平方米社区人工水景、6000m²社区中心会所、清新自然的园林设计将大西洋新城创造成一个有园林、有水景、有活动场地、有文化氛围的宁静安逸生活社区。通过低密度住宅、景观环境、配套设置、合理户型等方面的优化，体现了开发商"以人为本"的开发宗旨，实现了"环境、生命、发展"和谐统一的国际文明居住标准。大西洋新城B区，正以其优美的环境、新鲜的空气、开阔的视野、安全、安静的居住空间再次成为京城众多人士置业投资的理想选择。

案例名称	城市	位置	建成时间	用地性质	容积率	高度	层数	建筑密度	绿地率	形态
大西洋新城·B区	北京	朝阳区，望京阜通西大街	2003年	板式中高层／二类居住用地	2.6	28m	6、9层	32.8%	22.6%	混合布局板楼，斜向分布

区位分析

项目平面

模型照片1

街景展示

建筑肌理

模型照片2

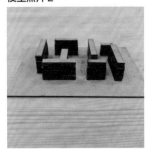

250m

250m

华润·橡树湾

街区面积：63840m²
建筑面积：185136m²
建筑占地面积：10342m²
公共绿地面积：33286m²

华润·橡树湾是华润地产在北京清河的高端地
产楼盘。

邻近中关村、交通便利是清河地区独特的优越条
件，更给了橡树湾迅速发展的契机，目前已建设
至第五期工程。

未来的橡树湾将会形成一种独有的生活方式，生
活与消费购物真正成为一种轻松、休闲、愉快的
体验。橡树湾项目是目前海淀区在售楼盘中配
套齐全的大型、综合型楼盘，突破了单纯住宅区
的开发意义。以高品质住宅为主，配以齐全的商
业、体育、教育、休闲娱乐设施，为居住者提供
最为便利的生活。完善的综合社区配套是橡树湾
的最大优势。

案例名称	城市	位置	建成时间	用地性质	容积率	高度	层数	建筑密度	绿地率	形态
华润·橡树湾	北京	海淀区，清河朱房路	2003年	板式高层/二类居住用地	3.0	70 m /55 m /37 m	12、18、23层	16.20%	52.14%	封闭小区，大多数为18层板楼，东南为12层板楼，东北为23层板楼

区位分析

项目平面

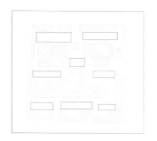

模型照片1

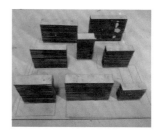

街景展示

建筑肌理

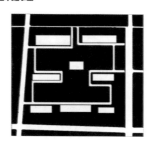

模型照片2

德福花园

街区面积：24056m²
建筑面积：8020m²
建筑占地面积：7000m²
公共绿地面积：2340m²

德福花园（Telford Gardens），是位于香港九龙九龙湾港铁车厂的上盖物业，于1980—1982年分阶段落成。

德福花园位于前启德机场附近，受制于建筑物高度限制条例，屋苑内所有楼宇皆介于11～26层之间。整个屋苑合共提供约5000个住宅单位。

德福花园周边设施包括大型购物中心德福广场，德福广场露天部分有银行、幼儿园、社区中心、音乐及舞蹈陪训中心、香港城市大学专上学院、诊所等，设施齐全，是有活力而且热闹的社区。

案例名称	城市	位置	建成时间	用地性质	容积率	高度	层数	建筑密度	绿地率	形态
德福花园	香港	九龙，九龙湾启祥道	1980年	点式高层/二类居住用地	4.0	40m	13层	33.3%	9%	地铁物业，地下与地铁相连；十字形高层建筑

区位分析

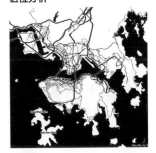

项目平面

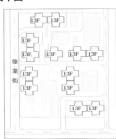

模型照片1

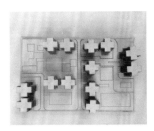

街景展示

建筑肌理

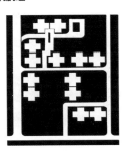

模型照片2

建外 SOHO·东区

街区面积: 44349m²
建筑面积: 230349m²
建筑占地面积: 17030m²
公共绿地面积: 12062m²

建外 SOHO·东区位于东三环国贸桥西南角,地处东长安街主路,紧邻北京地铁 1 号线、地铁 10 号线(国贸站),交通便捷。其北侧与西侧五栋楼高 30 层,东南角四栋楼高 18 层,楼与楼之间设有活动中心和绿地,在 3 层裙房的包围下打造出 SOHO 内部场地的良好围合空间与和谐气氛。

建外 SOHO 没有围墙,16 条小街在占地约 17 万 m² 的建筑群中流动,营造出充满人情味的小街文化。随着各座楼宇的陆续入住,已有数百家公司进驻,居住、工作、休闲、消费融为一体,建外 SOHO 已成长为繁华热闹的都市生活中心。

案例名称	城市	位置	建成时间	用地性质	容积率	高度	层数	建筑密度	绿地率	形态
建外SOHO·东区	北京	朝阳区,三环以西,建外大街南侧	2003年	点式高层/商住混合用地	5.2	103m/54m/9m	18层(含3层裙房)、30层	38.4%	27.2%	公寓办公混合,全开放体系;建筑侧为30°,东南4栋18层,减少阳光阻挡

区位分析

项目平面

模型照片 1

街景展示

建筑肌理

模型照片 2

麓景花园

街区面积： 29851m²
建筑面积： 75800m²
建筑占地面积： 9787m²
公共绿地面积： 3500m²

麓景花园是香港最具规模的私人机构参与"居者有其屋"计划，位于九龙观塘区九龙湾宏照道80号，邻近启业邨，于1985年4月落成。

形态上住区呈现围合式，中央围合有网球场等运动场所和中央绿地。

共建有22座住宅楼宇，楼高32层，共提供5904个住宅单位，适合大小家庭安居。内部设有购物中心、街市，此外屋苑还设有网球场、篮球场、泳池和停车场。

案例名称	城市	位置	建成时间	用地性质	容积率	高度	层数	建筑密度	绿率	形态
麓景花园	香港	九龙，九龙湾宏照道	1985年	点式高层/二类居住用地	6.8	86m	35层	20.3%	26%	住宅楼围绕运动场分布，十字形建筑

区位分析

项目平面

模型照片1

街景展示

建筑肌理

模型照片2

NEW YORK E55th Ave 街区

街区面积: 33956m²
建筑面积: 324054m²
建筑占地面积: 20456m²
公共绿地面积: 4500m²

NEW YORK E55th Ave 是著名的高层住宅区,大部分住宅建成于 20 世纪 90 年代。

中央公园、百老汇、纽约著名的剧院区、林肯中心、卡耐基音乐厅、第五大道购物区和洛克菲勒中心等主要名胜均在步程之内。

住宅区形态主要是围合式,围合出一个占地巨大的中央花园。建筑沿街布置,结合底商,形成有活力且热闹但闹中带静的街区。

案例名称	城市	位置	建成时间	用地性质	容积率	高度	层数	建筑密度	绿地率	形态
NEW YORK E55th Ave	纽约	NEW YORK 5th Ave	20世纪90年代	点式高层/居住用地	13.5	135m/120m/27m	9、40、45层	40.3%	13.2%	方格网

区位分析

街景展示

项目平面

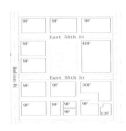

建筑肌理

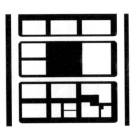

模型照片 1

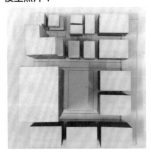

模型照片 2

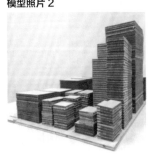

居住地块同比例比较

[小堡村民居]·容积率 0.32

[三眼井胡同]·容积率 0.33

[龙湖·双珑原著]·容积率 1.1

[巴塞罗那标准街区单元]·容积率 2.6

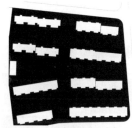

[清华大学东楼小区]·容积率 1.6

[北京·印象]·容积率 1.5

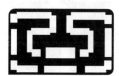

[百万庄·子区]·容积率 1.2

[大西洋新城·B区]·容积率 2.6

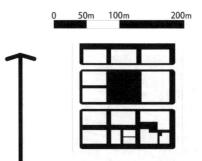

[NEW YORK E55th AVE街区]·容积率 13.5

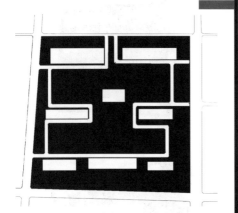

[华润·橡树湾]·容积率 3.0

[麓景花园]·容积率 6.8

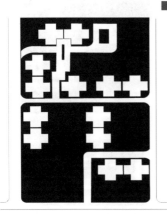

[德福花园]·容积率 4.0

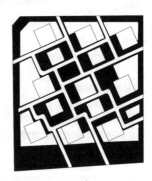

[建外SOHO·东区]·容积率 5.2

0   50m   100m   200m

5.3.2　商业类地块

商业地块研究包括 8 个案例（表 5-4，表 5-5），按照地块容积率的大小排序（0.3~7.5）分别为：泽西海岸 Premium Outlets 购物中心（美国新泽西州）、前门大街、潘家园旧货市场、上海新天地（上海）、三里屯太古里、格拉西亚大道商业区（西班牙巴塞罗那）、东方广场、西单大悦城商业综合体，涵盖了郊区大型购物中心（奥特莱斯）、传统商业街、城市商业综合体等不同类型。

表 5-4　商业类开发地块相关信息与建设指标分析（Ⅰ）

编号	案例名称	所在城市	位置	建成时间 / 年	类型	用地性质
1	泽西海岸 Premium Outlets 购物中心	Tinton Falls	新泽西州	2008	单一购物商场	单一商业
2	前门大街	北京	东城区	2008	商业街区	单一商业
3	潘家园旧货市场	北京	朝阳区，潘家园路南侧	2008	古玩与旧物市场	单一商业
4	上海新天地	上海	黄浦区，兴业路	2007	商业街区	混合商业
5	三里屯太古里	北京	朝阳区，工人体育场北路北侧	2008	商业综合体	混合商业
6	格拉西亚大道商业区	巴塞罗那	扩建区中部	1859	商业街区	混合商业
7	东方广场	北京	东城区长安街北侧	2000	商业综合体	混合商业
8	西单大悦城商业综合体	北京	西城区，西单北大街西侧	2007	商业综合体	混合商业

表 5-5　商业类开发地块相关信息与建设指标分析（Ⅱ）

编号	案例名称	容积率	层数	高度 /m	建筑密度 /%	绿地率 /%	形态
1	泽西海岸 Premium Outlets 购物中心	0.31	1、2 层	≤ 8	29.5	53.2	大棚式、低层、集中
2	前门大街	0.72	1、2 层	≤ 12	46.8	1.5	院落式、低层、散布
3	潘家园旧货市场	1.02	1、2 层	≤ 12	41.4	0.2	院落式、低层、散布
4	上海新天地	1.31	5 层	20	33.9	1.2	点式、散布、多层
5	三里屯太古里	2.7	3~7 层	≤ 24	58.0	1.9	低层院落式
6	格拉西亚大道商业区	4.34	4~8 层	≤ 31	78.2	1.1	多层围合式
7	东方广场	7.5	17~20 层	≤ 65	39.3	26.6	高层、院落
8	西单大悦城商业综合体	6.33	10 层	≤ 40	65.0	0	点式、中高层

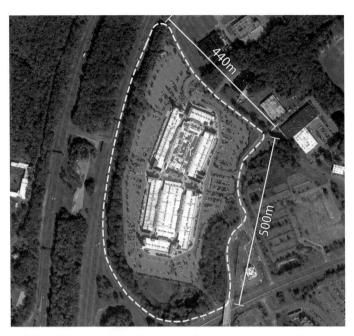

泽西海岸 Premium Outlets 购物中心

街区面积： 175274m²
建筑面积： 54089m²
建筑占地面积： 51650m²
公共绿地面积： 93337m²

奥特莱斯（Outlets）最早诞生于美国，迄今已有近一百年的历史。其英文原意是"出口、出路、排出口"的意思，在零售商业中专指由销售名牌过季、下架、断码商品的商店组成的购物中心，因此也称为"品牌直销购物中心"。

Outlets 最早为"工厂直销店"，专门处理工厂尾货，后来逐渐汇集形成类似 Shopping Mall 的大型 Outlets 购物中心，并发展成为一种独立的零售业态。

泽西海岸 Premium Outlets 是一家位于新泽西州亭顿福斯镇的室外购物中心，位于新泽西州高速公路出口，于 2008 年 11 月开业，占地面积近 4 万 m²。中心内有 120 家商场和一个餐饮区，品牌以中档为主，主要面对中产阶级消费者。

案例名称	城市	位置	建成时间	用地性质	容积率	高度	层数	建筑密度	绿地率	形态
泽西海岸 Premium Outlets 购物中心	Tinton Falls	新泽西州	2008年	单一商业	0.31	≤ 8m	1、2层	29.5%	53.2%	大棚式、低层、集中

区位分析

项目平面

模型照片 1

街景展示

建筑肌理

模型照片 2

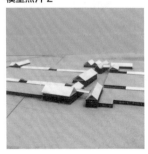

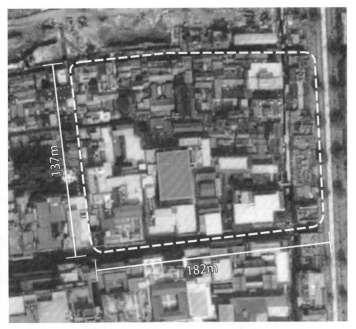

前门大街

街区面积： 20923m²
建筑面积： 15057m²
建筑占地面积： 9787m²
公共绿地面积： 298m²

明朝中期，由于商业的发达，前门大街两侧出现了鲜鱼口、珠市口等集市和街道，前门大街自此逐渐成为一条繁华商业街。到20世纪50年代初，前门地区共有私营商业基本户800余家，除了全聚德烤鸭店、都一处烧麦馆、月盛斋酱肉店、中国书店、一条龙羊肉馆、张一元茶庄、庆林春茶庄、长春堂药店、亿兆百货、大北照相馆十大老字号店铺之外，更是有许多其他简陋的民间小店。

2008年修缮后的前门大街依据其以及毗邻的南北向4条街和东南西北向为主的22条胡同共同构建成了"中华老字号传统前门大街商业及旅游商品区""精品四合院体验区"等5大功能区，并以传统商业、历史文化的集聚为特色，体现传统与时尚的交汇融合。

案例名称	城市	位置	建成时间	用地性质	容积率	高度	层数	建筑密度	绿地率	形态
前门大街	北京	东城区	2008年	商业街区	0.72	≤ 12m	1、2层	46.8%	1.5%	院落式、低层、散布

区位分析

项目平面

模型照片 1

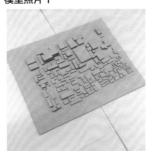

街景展示

建筑肌理

模型照片 2

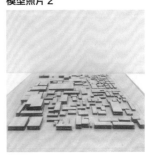

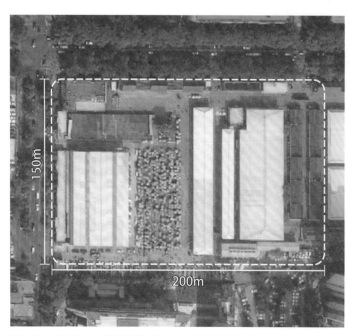

潘家园旧货市场

街区面积：29400m²
建筑面积：29869m²
建筑占地面积：12167m²
公共绿地面积：60m²

北京潘家园旧货市场位于北京三环路的东南角，是全国最大的古玩艺术品、工艺品、旧货交易市场。经营的主要物品有仿古家具、文房四宝、古籍字画等，被新闻媒体称为"全国规模最大的民间工艺品集散地"。

潘家园市场经营空间种类多样，也带来了与众不同的消费购物体验。最典型的经营空间是位于西部的露天地摊区。这一地区没有用固定的构筑物，而是留下一片空地供商家摆摊。如遇酷暑风雨，则支出阳伞雨棚。东部的大棚则是在露天摆摊的基础上修建了8m高的大棚，是露天地摊的"升级版"。除此之外，还有传统中式坡顶店铺形成的沿街商业、较为正规展陈经的交易大厅。场地上的配套设施还有餐饮服务、鉴定服务、非机动车停放设施、办公管理用房等。

案例名称	城市	位置	建成时间	用地性质	容积率	高度	层数	建筑密度	绿地率	形态
潘家园旧货市场	北京	朝阳区潘家园路南侧	2008年	单一商业	1.02	≤ 12m	1、2层	41.4%	0.2%	院落式、低层、散布

区位分析

项目平面

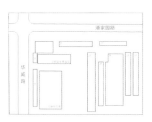

模型照片 1

街景展示

建筑肌理

模型照片 2

328m

128m

上海新天地

街区面积: 41531m²
建筑面积: 54254m²
建筑占地面积: 14098m²
公共绿地面积: 500m²

上海新天地是一个具有上海历史文化风貌、中西融合的都市旅游景点。其以上海近代建筑的标志石库门建筑旧区沟基础,首次改变了石库门原有的居住功能,创新地赋予其商业经营功能,把这片反映了上海历史和文化的老房子改造成集餐饮、购物、演艺等功能于一体的时尚、休闲文化娱乐中心。漫步新天地,仿佛时光倒流,有如置身于20世纪二三十年代的上海,但当跨进每个建筑内部,则又非常现代和时尚,让海内外游客品味独特的文化。

新天地的散布式布局使得商业氛围趋于街道式,体验亲切,尺度宜人,更加舒适。能够在商业购物的同时感受老上海文化魅力是其特点,但也因为已经完全去除居住功能而略显单一。

案例名称	城市	位置	建成时间	用地性质	容积率	高度	层数	建筑密度	绿地率	形态
上海新天地	上海市	黄浦区,兴业路	2007年	商业街区	1.31	20m	5层	33.9%	1.2%	点式、散布、多层

区位分析

项目平面

模型照片1

街景展示

建筑肌理

模型照片2

三里屯太古里

街区面积: 31622m²
建筑面积: 85379m²
建筑占地面积: 18341m²
公共绿地面积: 660m²

三里屯太古里由欧华尔顾问有限公司 (The Oval Partnership) 及著名日本建筑师隈研吾 (Kengo Kuma) 领衔设计, 其余由来自中、日、美的八位世界级建筑师共同负责。商场由19座低密度建筑组成, 分南北两区, 开设了超过215间商铺和餐厅。南区主要为大众化品牌, 北区则为高级名牌, 以及隈研吾设计的精品酒店瑜舍。

三里屯太古里拥有逾210家店铺, 包含咖啡厅、餐厅、酒吧、艺廊、画廊、超市以及一个8屏幕的影院, 并拥有可容纳880辆车辆的停车场。

三里屯太古里以及项目内的都会风尚瑜舍酒店都由太古地产全资拥有和管理。

案例名称	城市	位置	建成时间	用地性质	容积率	高度	层数	建筑密度	绿地率	形态
三里屯太古里	北京	朝阳区, 工人体育场北路北侧	2008年	混合商业	2.7	≤24m	3~7层	58.0%	1.9%	低层院落式

区位分析

街景展示

项目平面

建筑肌理

模型照片1

模型照片2

格拉西亚大道商业区

街区面积：19500m²
建筑面积：84563m²
建筑占地面积：15240m²
公共绿地面积：205m²

格拉西亚大道（Passeig de Gràcia）是巴塞罗那的主要大道之一，位于扩建区（Eixample）的中部，南起加泰罗尼亚广场，北到大格拉西亚街（Carrer Gran de Gràcia）。格拉西亚大道也是该市重要的购物区，以租金或购房价格为标准，目前是西班牙最昂贵的街道，甚至超过马德里的塞纳诺街。

格拉西亚大道拥有巴塞罗那一些最著名的建筑，例如米拉之家（Casa Milà）以及包括阿马特耶之家（Casa Amatller）和巴特略之家（Casa Batlló）在内的"不和谐街区"（Illa de la Discòrdia）。

本案例是格拉西亚大道上的一处典型街区，建筑用途包括餐饮、高级宾馆、服饰和文化等。

案例名称	城市	位置	建成时间	用地性质	容积率	高度	层数	建筑密度	绿地率	形态
格拉西亚大道商业区	巴塞罗那	扩建区中部	1859年	混合商业	4.34	≤31m	4~8层	78.2%	1.1%	多层围合式

区位分析

街景展示

项目平面

建筑肌理

模型照片1

模型照片2

东方广场

街区面积：30104m²
建筑面积：224986m²
建筑占地面积：11841m²
公共绿地面积：8007.7m²

1993年周凯旋和张培薇为董建华下属的东方海外公司寻找地产投资项目，在东长安街找到儿童电影院，却发现按照政府规划，必须要对周围1万m²的面积整体开发。对此周凯旋出乎意料地全面拿下王府井至东单"金街"与"银街"之间10万m²的地段，提出了全面开发东方广场的规划。用半年时间，迁走了东长安街上20余个国家部级单位、40余个市级单位、100余个区级单位、1800余户居民，并只用了15分钟时间，说服李嘉诚为此项目投下20亿美金。

麦当劳王府井餐厅曾是当时世界上最大的麦当劳餐厅，设有700多个座位，于1992年4月23日开业，该餐厅也因东方广场的建设而被拆除。

案例名称	城市	位置	建成时间	用地性质	容积率	高度	层数	建筑密度	绿地率	形态
东方广场	北京	东城区长安街北侧	2000年	混合商业	7.5	≤65m	17~20层	39.3%	26.6%	高层、院落

区位分析

项目平面

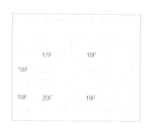

模型照片1

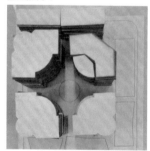

街景展示

建筑肌理

模型照片2

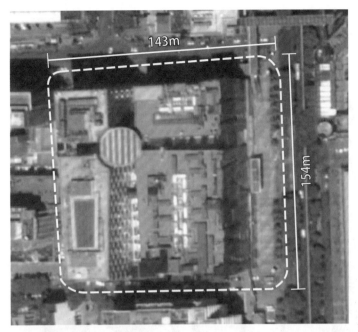

143m

154m

西单大悦城商业综合体

街区面积：21098m²
建筑面积：133615m²
建筑占地面积：13735m²
公共绿地面积：10m²

2007 年底隆重开业的北京西单大悦城（JOY CITY）是一座由中粮集团精心打造的"国际化青年城"。这座西单商圈唯一的 Shopping Mall 迅速成为时尚达人、流行先锋、潮流新贵休闲购物的首选之地，融合购物中心、酒店服务式公寓和甲级写字楼多功能于一体。拥有 40 多个全北京独有品牌，十字连廊的超宽阔天幕广场，大挑空中央舞台，共同营造时尚共享空间，是 2008 年北京商业地产的最大亮点。

项目采用大型商业综合体的形式较好满足了来往顾客休闲、娱乐、购物、餐饮等一体化的体验需求，但也造成体量与周围不协调，立面对城市呼应不够，建筑相对内向封闭以及公共活动空间不足等缺点。

案例名称	城市	位置	建成时间	用地性质	容积率	高度	层数	建筑密度	绿地率	形态
西单大悦城商业综合体	北京	西城区，西单北大街西侧	2007年	混合商业	6.33	≤40m	10层	65.0%	0	点式、中高层

区位分析

项目平面

模型照片 1

街景展示

建筑肌理

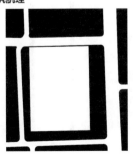

模型照片 2

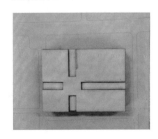

商业地块同比例比较

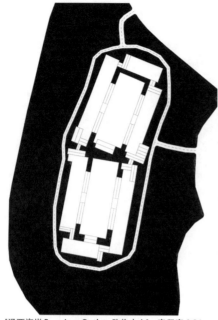

[泽西海岸 Premium Outlets 购物中心]・容积率 0.31

[前门大街]・容积率 0.72

[潘家园旧货市场]・容积率 1.02

[上海新天地]・容积率 1.31

0　　　100m　　200m　　　　400m

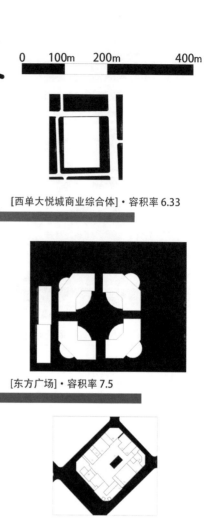

[西单大悦城商业综合体]・容积率 6.33

[东方广场]・容积率 7.5

[格拉西亚大道商业区]・容积率 4.34

[三里屯太古里]・容积率 2.7

5.3.3 办公类地块

办公地块研究包括 10 个案例（表 5-6，表 5-7），按照地块容积率的大小排序（0.5~9.5）分别为：中关村软件园、龙奥大厦（济南）、莱锦文化创意产业园、清华科技园、汇融大厦（天津）、建设部大院、长安兴融中心、北京国际中心、北京环球贸易中心、曼哈顿麦迪逊大街东街区（纽约），涵盖了科技办公园区、旧厂改造办公区、办公单位大院、高层办公楼在内的多种办公类型。

表 5-6　办公类开发地块相关信息与建设指标分析（Ⅰ）

编号	案例名称	所在城市	位置	建成时间	类型	用地性质
1	中关村软件园	北京	海淀区，西二旗桥西侧东北旺	2001	办公园区	商务设施用地
2	龙奥大厦	济南	历下区，东二环以东经十路南侧	2007	政府办公大楼	行政办公用地
3	莱锦文化创意产业园	北京	朝阳区，东四环以东朝阳路南侧	2011	旧厂区改造	商务设施用地
4	清华科技园	北京	海淀区，清华大学东门正南	2005	办公园区	商务设施用地
5	汇融大厦	天津	和平区，大沽北路、烟台道、建设路和保定道内	2011	高层办公建筑群	综合型商业金融服务业用地
6	建设部大院	北京	海淀区，百万庄大街与增光路交叉口	1990	单位大院	混合用地
7	长安兴融中心	北京	西城区，西长安街南侧，毗邻金融街	2006	高层办公建筑群	商务设施用地
8	北京国际中心	北京	朝阳区，呼家楼京广桥东北角	2007	高层办公建筑群	商务设施用地
9	北京环球贸易中心	北京	朝阳区，安贞桥东南角，邻北三环干线及安外大街	2005	商业办公混合	商务设施用地
10	曼哈顿麦迪逊大街东街区	纽约	曼哈顿区，Madison Square Park 东侧	1909—1971	商业办公混合	商业服务业设施用地

表 5-7　办公类开发地块相关信息与建设指标分析（Ⅱ）

编号	案例名称	容积率	层数	高度/m	建筑密度/%	绿地率/%	形态
1	中关村软件园	0.47	3 层	12	15.8	59.3	围绕环路、中心绿地和水面点状自由布局，低密度
2	龙奥大厦	1.18	15 层	66.7	9.8	59.3	强烈的轴对称、中心对称形态；大量点状建筑居中，公共场地位于外侧
3	莱锦文化创意产业园	1.69	6 层	20.5	46.4	3.4	新建建筑将旧厂区围合，厂房之间形成了尺度宜人的步行走道和小型花园
4	清华科技园	2.32	32 层	96	24.9	24.1	塔式高层办公建筑，形态围合与环境围合，单一功能产业集聚
5	汇融大厦	4.2	25 层	119.4	57.0	2.0	田字四分，中心围合，超高层双塔
6	建设部大院	4.4	16 层	70	39.0	15.0	东侧主干路界面后退，南北为高层界面
7	长安兴融中心	5.2	13 层	52	40.0	33.1	庭院围合式
8	北京国际中心	5.62	23 层	100	27.0	21.5	三塔楼围合出的商业广场底层的商业将办公区连为一体，地块边缘布置一座超高塔楼
9	北京环球贸易中心	6.2	24 层	94.5	33.0	14.1	连体双塔式写字楼，平行排布
10	曼哈顿麦迪逊大街东街区	9.62	51 层	213	44.0	1.0	塔式办公与历史建筑，多层、高层、超高层错落，独立形态，围合公园，办公商住混合，私人公共并存

中关村软件园

街区面积： 247000m²

建筑面积： 116000m²

建筑占地面积： 39000m²

公共绿地面积： 146500m²

中关村软件园位于上风上水的北京市海淀区东北旺，园区东临上地信息产业基地，南靠规划绿化带及北大生物城，西接东北旺苗圃，北至东北旺北路，与颐和园、西山景区相伴，自然环境宜人。园区与清华大学、北京大学呈三角状分布。中国科学院以及海淀区众多高校为入园企业提供强大的科技区位支撑和技术依托。中关村地区浓厚的文化氛围为中关村软件园的建设和发展提供了得天独厚的客观条件。2001 年 7 月 12 日，中关村软件园被国家计委、信息产业部共同确定为国家软件产业基地。

软件研发区的研发中心以组团的形式，在森林绿地中自由疏散分布。充分体现了 " 让科技融入自然 " 的宗旨。截至 2010 年 6 月，中关村软件园已有入园企业 200 余家。

案例名称	城市	位置	建成时间	用地性质	容积率	高度	层数	建筑密度	绿地率	形态
中关村软件园	北京	海淀区，西二旗桥西侧东北旺	2001年	办公园区 / 商务设施用地	0.47	12m	3层	15.8%	59.3%	围绕环路、中心绿地和水面点状自由布局，低密度

区位分析

项目平面

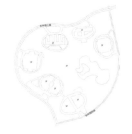

模型照片 1

街景展示

建筑肌理

模型照片 2

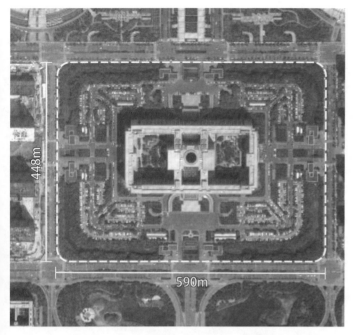

448m

590m

龙奥大厦

街区面积： 279000m²
建筑面积： 330000m²
建筑占地面积： 27300m²
公共绿地面积： 165500m²

济南龙奥大厦，位于济南经十东路奥体中心旁，建筑面积近40万m²，主要为济南市政府（副省级部门）及各个职能部门的办公场所，亦是十一届全运会的指挥中心和新闻中心。现为济南市委、市人大、市政府、市政协、市纪委驻地。有43个工作部门（如发改委、教育局等）、10个直属事业单位（如市政公用局、园林绿化局、史志办等），是济南的行政中心。

龙奥大厦造价40亿，是世界上最大的单体建筑之一，也是世界上最大的政府大楼，于2007年9月竣工。

建筑四面设出入口，外围周边主要布置各级标准办公室，中心区域为会议组群及相应服务用房，四周布置集中地上停车场，滨水地带的大面积绿化及建筑内部的生态绿化院落，为办公人员提供了放松休闲、安静的办公环境。

案例名称	城市	位置	建成时间	用地性质	容积率	高度	层数	建筑密度	绿地率	形态
龙奥大厦	济南	历下区，东二环以东经十路南侧	2007年	政府办公大楼/行政办公用地	1.18	66.7m	15层	9.8%	59.3%	强烈的轴对称、中心对称形态；大量点状建筑居中，公共场地位于外侧

区位分析

街景展示

项目平面

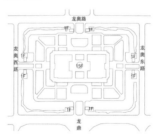

建筑肌理

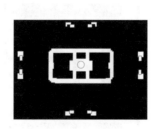

模型照片1

模型照片2

第5章 从空间形态到管控指标：开发地块研究 | 133

135m

175m

莱锦文化创意产业园

街区面积：23625m²
建筑面积：39832m²
建筑占地面积：10971m²
公共绿地面积：803m²

莱锦文化创意产业园位于朝阳区八里庄东里1号，东四环慈云寺桥以东700m，地处CBD东区门户，距中央电视台新址仅3km。占地面积约13万m²，建筑面积约11万m²。

该园区前身为北京第二棉纺织厂。2008年开始改造，2011年9月18日正式投入运营。改造后的园区从功能上分为三个部分：A区是文化创意产业交流中心和产品展示交易区，通过搭建政策信息服务平台、培训招聘服务平台等公共服务平台，配合文化创意企业进行交流和宣传。B区是被保留下的特色优秀建筑，记载着北京城市的发展痕迹，在保留原有建筑风格的基础上，其被改造成为创意服务中心。C区由46栋独栋花园式低密度工作室组成，是文化创意企业开展创意工作、制作创意产品的理想之所。

案例名称	城市	位置	建成时间	用地性质	容积率	高度	层数	建筑密度	绿地率	形态
莱锦文化创意产业园	北京	朝阳区，东四环以东朝阳路南侧	2011年	旧厂区改造/商务设施用地	1.69	20.5 m	6层	46.4%	3.4%	新建筑将旧厂区围合，厂房之间形成了尺度宜人的步行走道和小型花园

区位分析

项目平面

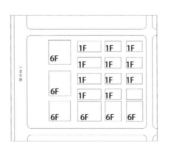

模型照片1

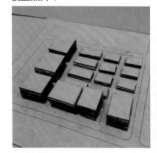

街景展示

建筑肌理

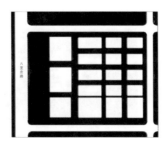

模型照片2

清华科技园

街区面积： 34500m²
建筑面积： 80040m²
建筑占地面积： 8600m²
公共绿地面积： 8331m²

清华科技园的主体园区东起清华南路，西至蓝旗营高校教师住宅区与清华园中学，南临成府路，北至清华大学南校墙，面积 11.6 公顷。科技园地处北京中关村科技园区的核心地带，周围聚集了数量众多的著名高等院校和研究院所，同时享有中关村科技园区大规模基础设施建设和一系列配套优惠政策。园区周边交通便利，主干道纵贯四环、三环直通西直门地铁站，城市轻轨侧沿园区通行。

2000 年，57 万 m² 的主体园区建设启动，入园企业达到 200 家。

2005 年主园区标志性建筑——18 万 m² 科技大厦竣工并投入使用，海淀区共建高新技术企业服务平台，创新服务体系进一步完善。

案例名称	城市	位置	建成时间	用地性质	容积率	高度	层数	建筑密度	绿地率	形态
清华科技园	北京	海淀区，清华大学东门正南	2005年	办公园区/商务设施用地	2.32	96 m	32层	24.9%	24.1%	塔式高层办公建筑，形态围合与环境围合，单一功能产业集聚

区位分析

项目平面

模型照片 1

街景展示

建筑肌理

模型照片 2

汇融大厦

街区面积：34218m²
建筑面积：143700m²
建筑占地面积：19500m²
公共绿地面积：680m²

汇融大厦地块位于天津市原英租界北部，其东南两侧为保留旧有高密度路网基础上再开发的泰安道五大院项目，西北两侧则为大面积地块的现代街区。

其东侧的太原路和南侧的安徽路伸入地块，将地块四分，并在中心形成圆形广场。安徽路以西属商业金融用地，建有带4层裙楼的超高层办公楼，安徽路以东属行政用地。

西高东低的高度控制，缓和了超高层对海河沿岸新古典城市意象的压迫，也避免了对泰安道五大院项目的天际线景观造成破坏。

案例名称	城市	位置	建成时间	用地性质	容积率	高度	层数	建筑密度	绿地率	形态
汇融大厦	天津	和平区，大沽北路、烟台道、建设路和保定道内	2011年	高层办公建筑群/综合型商业金融服务业用地	4.2	119.4m	25层	57.0%	2.0%	田字四分，中心围合，超高层双塔

区位分析

项目平面

模型照片1

街景展示

建筑肌理

模型照片2

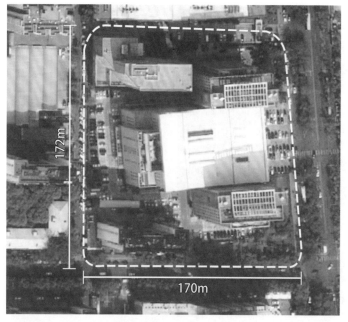

建设部大院

街区面积: 25930m²
建筑面积: 114100m²
建筑占地面积: 10100m²
公共绿地面积: 3900m²

建设部大院位于建设部大院东南的一个地块上,东临三里河路,南临增光路。

大体量的中国建筑文化中心位于地块正中,内含会议、展览等功能。两座高层办公楼位于其南北两侧,共同构成了地块的东侧界面,这一立面后退三里河路35m。

地段西北和西南两角上分别有一座13层带7层裙楼的办公楼和15层的住宅楼。它们各自与双塔中的一座构成了地块的南北两个界面。

案例名称	城市	位置	建成时间	用地性质	容积率	高度	层数	建筑密度	绿地率	形态
建设部大院	北京	海淀区,百万庄大街与增光路交叉口	1990年	单位大院/混合用地	4.4	70m	16层	39.0%	15.0%	东侧主干路界面后退,南北为高层界面

区位分析

项目平面

模型照片1

街景展示

建筑肌理

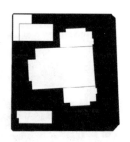

模型照片2

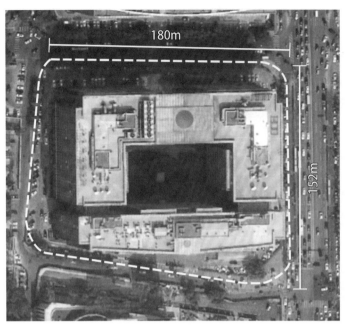

长安兴融中心

街区面积： 27435m²
建筑面积： 142662m²
建筑占地面积： 10974m²
公共绿地面积： 9081m²

长安兴融中心位于西长安街南侧，毗邻金融街。北侧为北京招商国际金融大厦，与中国人民银行、中国工商银行总行等重要金融机构隔街相望；西北侧有远洋大厦；西侧有天银大厦；东侧紧邻南闹市口大街。

长安兴融中心是综合建筑，由A座、B座两栋纯5A级智能化写字楼以及C座包含写字楼和配套酒店式公寓的综合楼组成。

长安兴融中心借鉴中国传统建筑与西方开放式街坊的精髓，东西两座写字楼呈对称的L形布局，与南侧条形的公寓楼围合成庭院院式的格局，通过双层挑空过廊直入中庭，利用多元化的过渡空间巧妙穿插，令各个楼宇即相对开放，又共享庭院空间，极具均好性。

案例名称	城市	位置	建成时间	用地性质	容积率	高度	层数	建筑密度	绿地率	形态
长安兴融中心	北京	西城区，西长安街南侧，毗邻金融街	2006年	高层办公建筑群/商务设施用地	5.2	52 m	13层	40.0%	33.1%	庭院围合式

区位分析

项目平面

模型照片 1

街景展示

建筑肌理

模型照片 2

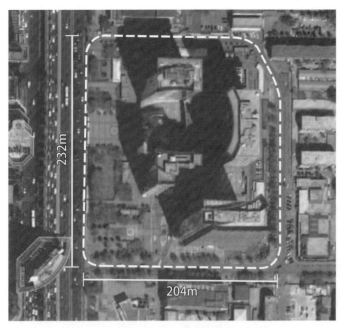

北京国际中心

街区面积: 44500m²
建筑面积: 250000m²
建筑占地面积: 12015m²
公共绿地面积: 9548m²

北京国际中心,凌踞 CBD 中轴——东三环,对峙京广中心、财富中心,比肩 CCTV 新址,四大中心一举奠定 CBD 核心区的北疆地标,形成 CBD 强势商务群落。国际中心连接建设中的地铁 10 号线,触动着都市最敏感的神经。北京国际中心 3 号楼,端坐广场中央,俯瞰 4000 m² 圆形中央商业广场,与璀璨的球面玻璃天棚形成默契,坐镇北京国际中心,运筹商战风云,确立 CHAIRMAN 地位。

北京国际中心秉承其得天独厚的区位资源优势与来自城市主中心区土地的稀缺性,以无比优越的性价比,吸引无数有眼光的投资者,成为北京新的财富天堂。北京国际中心站在 CBD 的肩膀上成为新的国家财经基地,成为一个时代和城市的标志。

案例名称	城市	位置	建成时间	用地性质	容积率	高度	层数	建筑密度	绿地率	形态
北京国际中心	北京	朝阳区,呼家楼京广桥东北角	2007年	高层办公建筑群 / 商务设施用地	5.62	100m	23层	27.0%	21.5%	三塔楼围合出的商业广场底层的商业将办公区连为一体,地块边缘布置一座超高塔楼

区位分析

街景展示

项目平面

建筑肌理

模型照片 1

模型照片 2

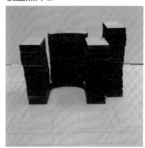

第 5 章 从空间形态到管控指标:开发地块研究 | 139

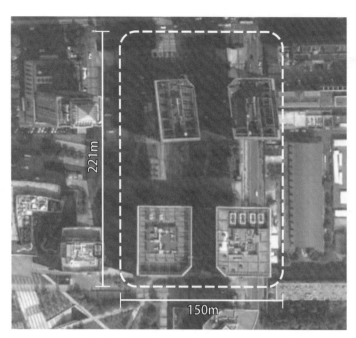

北京环球贸易中心

街区面积：33181m²
建筑面积：205722m²
建筑占地面积：10950m²
公共绿地面积：4678m²

北京环球贸易中心，处于 CBD、燕莎、金融街、中关村、亚运村诸商圈簇拥之中，扼守亚奥南大门，距离奥运主会场仅 3.2 km。

北京环球贸易中心是 5A 级商务综合体，集 6 栋智能化国际甲级写字楼、喜来登 (Sheraton) 五星级酒店及服务式公寓、会议中心、商业等多种现代化商务功能于一身。具有丰富的业态组合，层次分明。有 Intel、国投远东航运有限公司、OKI 友讯集团、奥迪等入驻。

6 栋 5A 国际甲级写字楼错落有致，写字楼 A、B 栋直面北三环主干道，联体双塔式建筑，整体造型线条流畅、轮廓鲜明，玻璃切割。C、D 栋写字楼为联体双塔，地上 20 层，地下 4 层，与A、B 栋交相辉映，蔚为壮观。

案例名称	城市	位置	建成时间	用地性质	容积率	高度/m	层数	建筑密度	绿地率	形态
北京环球贸易中心	北京	朝阳区，安贞桥东南角，邻北三环干线及安外大街	2005年	商业办公混合 / 商务设施用地	6.2	94.5	24层	33.0%	14.1%	联体双塔式写字楼，平行排布

区位分析

项目平面

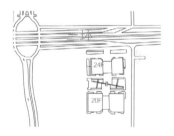

模型照片 1

街景展示

建筑肌理

模型照片 2

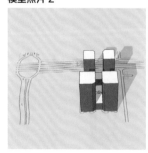

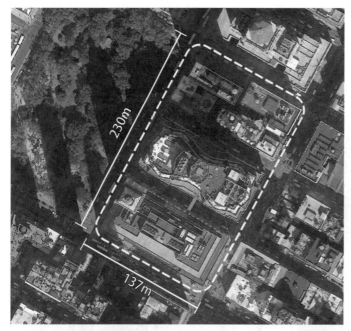

曼哈顿麦迪逊大街东街区

街区面积： 31510m²
建筑面积： 303126m²
建筑占地面积： 13852m²
公共绿地面积： 315m²

麦迪逊广场（Madison Square）位于纽约曼哈顿区第五大道、百老汇、23街的交汇点，也是曼哈顿的地标之一。麦迪逊广场得名于第四任美国总统、美国宪法的主要创立者詹姆斯·麦迪逊，其重点是麦迪逊广场公园，占地6.2英亩（约2.5公顷）。

麦迪逊大街以东街区为曼哈顿著名的商业区与办公区，高楼林立，高层与超高层建筑分布错落有致；各楼宇大多呈独立形态，却又向着公园形成围合之势。街区内较著名的建筑有建于1909年的大都会人寿保险大楼（Metropolitan LifeInsurance Company Tower）等，楼高213m，共50层，是当时世界上最高的建筑。区内各建筑属于典型商业办公混合模式，办公、商、住在此处高度混合，私人产业与公共产业亦相邻并存。

案例名称	城市	位置	建成时间	用地性质	容积率	高度	层数	建筑密度	绿地率	形态
曼哈顿麦迪逊大街东街区	纽约	曼哈顿区，Madison Square Park东侧	1909—1971年	商业办公混合/商业服务业设施用地	9.62	213m	51层	44.0%	1.0%	塔式办公与历史建筑，多层、高层、超高层错落，独立形态，围合公园，办公商住混合，私人公共并存

区位分析

项目平面

模型照片1

街景展示

建筑肌理

模型照片2

办公地块同比例比较

[中关村软件园]·容积率 0.47

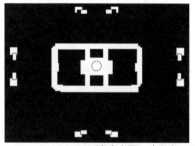

[龙奥大厦]·容积率 1.18

[莱锦文化创意产业园]·容积率 1.69

[清华科技园]·容积率 2.32

0　100m　200m　　400m

[曼哈顿麦迪逊大街东街区]·容积率 9.62

[北京环球贸易中心]·容积率 6.2

[北京国际中心]·容积率 5.62

[长安兴融中心]·容积率 5.2

[建设部大院]·容积率 4.4

[汇融大厦]·容积率 4.2

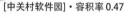

第6章 从城市设计到控规编制：语言转译与设计衔接

6.1 城市设计与控制性详细规划编制

城市设计与控规之间存在相辅相成、密不可分的内在关系。在现代城市设计急于寻找一套更加切实可行、系统完善的设计管控方法时，控制性详细规划提供了将城市设计内容法定化和接轨实施的重要渠道[74]，是将城市设计准则、指导纲要等管控要求转化为地块开发建设条件的首要工具。因此，控规越来越成为城市设计运作过程中实现策略落地、信息反馈与控制调整的关键手段。

同时，当控制性详细规划由于在实践中偏重规定性指标内容确定而忽略了引导性指标，以及指标控制过于抽象、概括且并不与城市建设质量产生直接对应关系等原因而遭遇诟病时，城市设计成为完善控规三维空间形态引导和提出城市风貌、品质建设要求的有效补充。事实上，控规中的常用指标在本质上与城市设计内容密切相关，城市设计研究是基础，很多指标数值是其成果的抽象表达形式。因此，控规编制越来越深刻地认识到来自城市设计研究的指导作用，在控规编制中融入城市设计，不仅可以丰富规划管控维度，还有助于打破基于传统经验的控制指标确定方法，提升规划编制的科学性和合理性。

6.2 城市设计转译控规图则

受制于8周控规设计课程的时间限制，学生无法在规定时间内对 $1\sim2km^2$ 的规划单元先开展城市设计研究，再完成控规成果制定。因此，为了帮助学生理解控制性详细规划在管控语汇上的独特性（区别于前期已经学过的设计语言）、控制指标与城市形态间的对应关系，以及城市设计与控规编制之间的相互支撑作用等，清华控制性详细规划的设计课程在 2014年度教学中，尝试了要求学生基于已有城市设计方案，将方案转化为控规成果的设计训练，训练重点不在于从现状出发提出规划设计方案，而是聚焦在了解和掌握控规成果的组成、控规编制的关键技术要点、控规表达技术方法等，教学目标相对纯粹。

6.2.1 教学题目设定

教学选定的控制性详细规划的设计地段位于北京中心城的边缘，为朝阳区绿化隔离带中的集中建设用地，总用地面积约 310hm^2（图 5-1）。地段范围内，现状分布着诸多村庄居民点以及水塘和苗圃，有河道支流从用地中穿过。具体周边现状情况及功能定位如下：

（1）周边用地

用地东北部有城市河流流经，其支流穿越地段；用地东侧规划为乡产业用地，南侧为居住用地，西侧和北侧均为规划绿地。

（2）周边道路

用地东部规划有 1 条高速公路和 1 条高架形式的轻轨线，并在用地内设有 1 个高架站点；南部规划有 1 条高速公路，西部和北部规划为城市干道。

（3）功能定位

根据上位规划和城市发展要求，地段未来应被开发为集区域商业休闲服务中心和高品质居住社区为一体的综合功能区，将建设形成包含零售、餐饮、娱乐、商务、旅游、休闲、文化、居住等多种功能的复合地区。

为保证地段开发建设的高品质，城市政府和开发建设单位针对规划地段组织了城市设计竞标，邀请知名设计咨询公司和规划设计机构完成了各具特色的城市设计成果（图 6-1），并以此作为下一步详细规划编制的基础。

课程教学要求学生选择城市设计竞标成果中的某一方案，在进一步修改完善的基础上，完成以设计方案为依托的控制性详细规划全套成果。控规

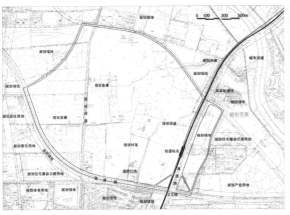

图 6-1　城市开发片区的规划范围与城市设计方案竞标成果[25]

　　编制的规划前提要求包括：①结合现状及规划条件，考虑交通因素，综合布置各类公建、居住、绿地及配套设施等用地功能；②细化和完善用地内的道路系统。规划范围内要求有 1 处公交场站和 1 处社会停车场，需结合方案设置；③规划设计方案要体现竞标方案的空间布局思路，体现地区特色和濒水地区建设特点；④保留现状河道，控制规划范围内建筑高度控制不超过 40m。具体控规成果要求包括：文本、图则、规划图纸、说明书与其他附件等。

6.2.2　学生作业示范

　　示范作业选择了依托河道在场地中心形成景观湖面，并呈放射状将场地划分为四个不同功能板块的设计竞赛方案（图 6-1，右上），通过深化完善设计以及规划管控语言的转译，编制完成场地控规成果[1]。控规在空间结构

---

①　作业来自 2014 年教学成果，学生闫博，指导教师唐燕。

上保留了竞标方案的特点，以湖面为中心，向外形成五条放射水系，从而界定出四大环湖功能片区：东侧靠近高架轨道线路的地块定位为商业、办公、服务、休闲等功能聚集的区域服务中心，建筑体量、密度和高度相对较大；西部、南部、北部地块均规划为相对独立的组团式居住社区，建筑以板式多层为主，濒湖岸线周边为低层。

控规方案对场地进行了地块细分，明确了各地块的土地使用性质和各项控制指标。在道路组织上，规划通过一条区内环线串接起四个功能片区，并建立起与外围城市道路的合理对接。在景观结构上，规划划定了以湖面和河道为中心，以东、南方向两条快速路的生态防护绿地为要素的"蓝线"与"绿线"控制范围，通过建立一条从轻轨站点引向湖心的绿色景观轴线形成区域的景观高潮。在公共设施配套上，除轻轨站点周边集中建设的区域中心外，几个居住片区内部均形成了等级规模不同的服务中心，以完善片区功能和提供完整的居住区公共服务设施配套。

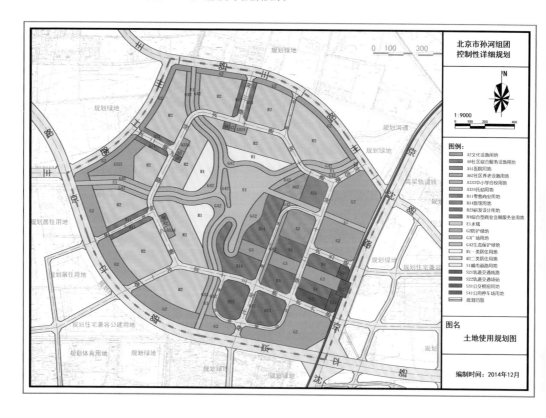

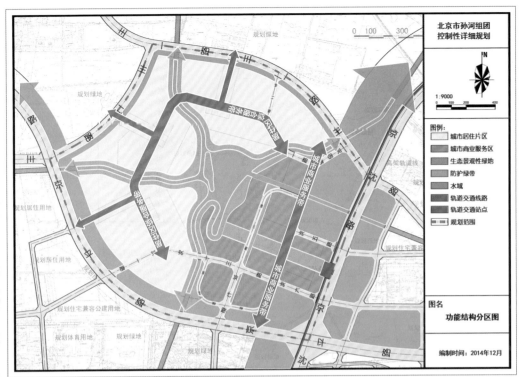

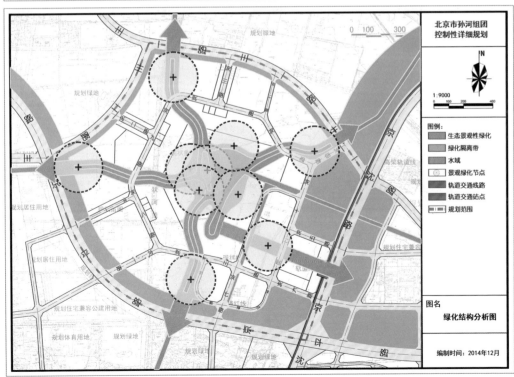

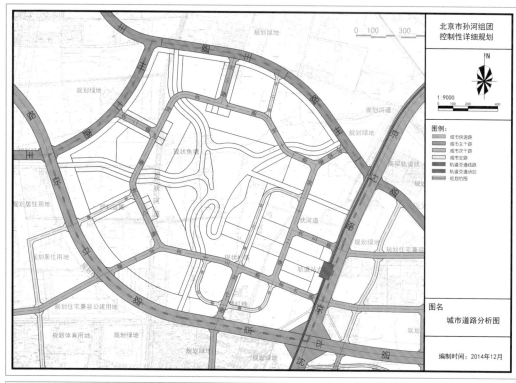

北京市孙河组团
控制性详细规划

1:9000

图例：
城市快速路
城市主干路
城市次干路
城市支路
轨道交通线路
轨道交通站
规划范围

图名
城市道路分析图

编制时间：2014年12月

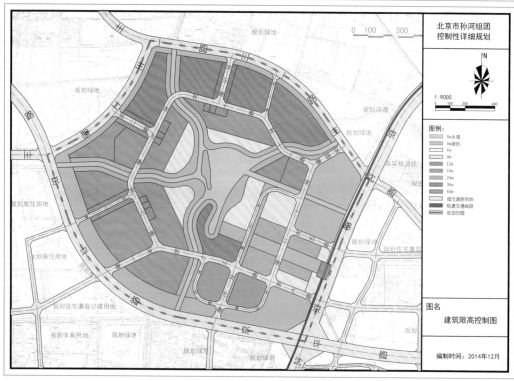

北京市孙河组团
控制性详细规划

1:9000

图例：
0m水域
0m绿地
6m
9m
12m
18m
24m
36m
64m
城市道路用地
轨道交通线路
规划范围

图名
建筑限高控制图

编制时间：2014年12月

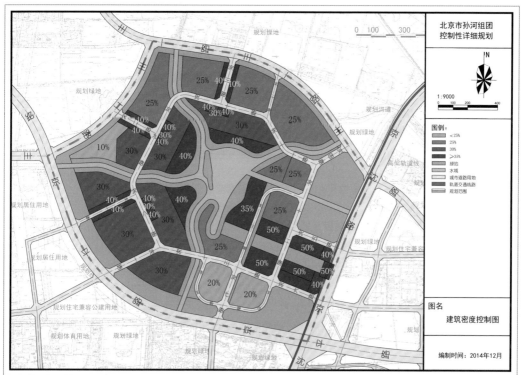

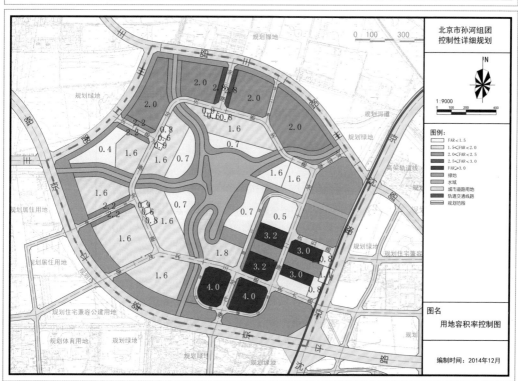

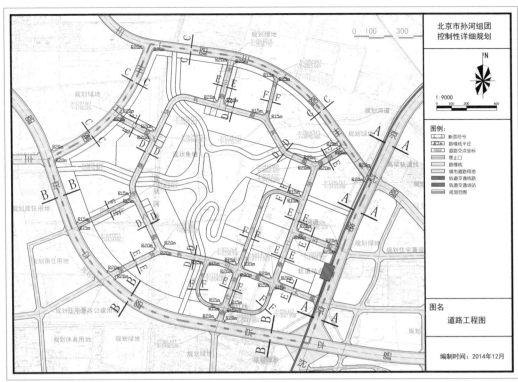

北京市孙河组团
控制性详细规划

0 100   300

N

1:9000

0 100 200 300 400

图例:
断面符号
路缘线半径
道路交点坐标
禁止口
路缘线
城市道路用地
轨道交通线路
轨道交通场站
规划范围

图名

道路工程图

编制时间: 2014年12月

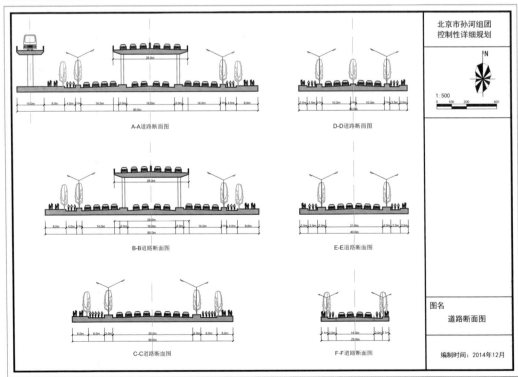

北京市孙河组团
控制性详细规划

N

1:500

0 100 200 300 400

A-A道路断面图

D-D道路断面图

B-B道路断面图

E-E道路断面图

C-C道路断面图

F-F道路断面图

图名

道路断面图

编制时间: 2014年12月

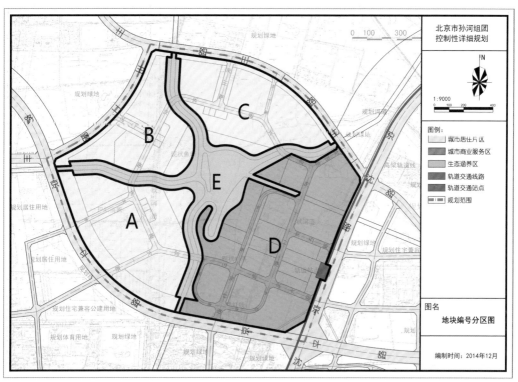

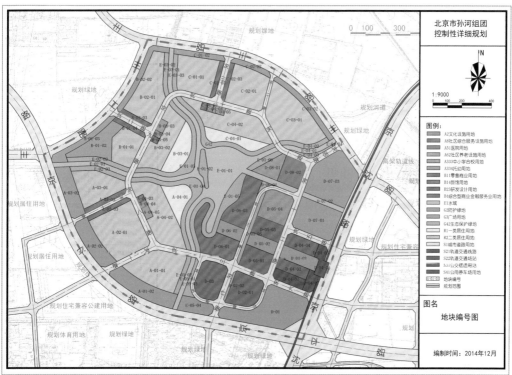

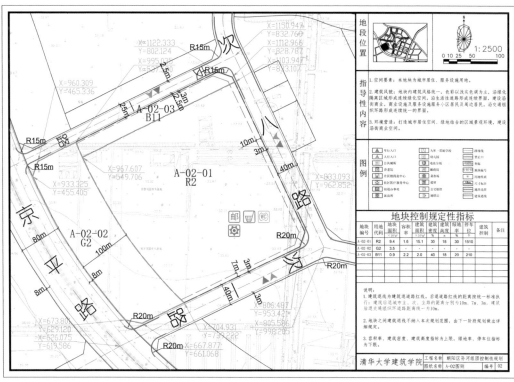

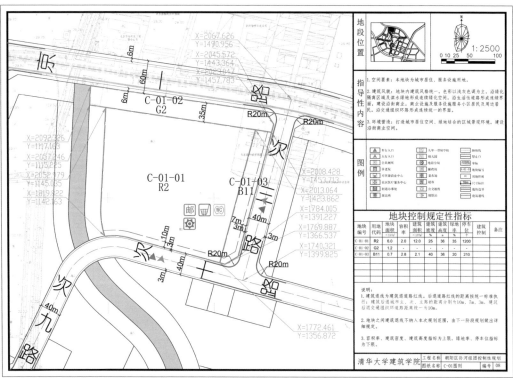

清华大学建筑学院　工程名称：朝阳区孙河组团控制性规划　图纸名称：A-02图则　编号 02

地块控制规定性指标（A-02）

地块编号	用地代码	地块面积 ×10³	容积率	建筑面积 ×10³	建筑密度 %	建筑高度	绿地率 %	停车位	建筑控制	备注
A-02-01	R2	9.4	1.6	15.1	30	18	30	1510		
A-02-02	G2	3.5								
A-02-03	B11	0.9	2.2	2.0	40	18	20	210		

说明：
1. 建筑退线为建筑退道路红线，后退道路红线的距离按统一标准执行；建筑后退退红主次、主路的距离分别为10m、7m、3m，建筑后退交通组织环道距离统一为10m。
2. 地块之间建筑退线不纳入本次规划范围，由下一阶段规划做出详细规定。
3. 容积率、建筑密度、建筑高度指标为上限，绿地率、停车位指标为下限。

清华大学建筑学院　工程名称：朝阳区孙河组团控制性规划　图纸名称：C-01图则　编号 08

地块控制规定性指标（C-01）

地块编号	用地代码	地块面积 ×10³	容积率	建筑面积 ×10³	建筑密度 %	建筑高度	绿地率 %	停车位	建筑控制	备注
C-01-01	R2	6.0	2.0	12.0	25	36	35	1200		
C-01-02	G2	1.2								
C-01-03	B11	0.7	2.8	2.1	40	36	20	210		

说明：
1. 建筑退线为建筑退道路红线，后退道路红线的距离按统一标准执行；建筑后退退红主次、主路的距离分别为10m、7m、3m，建筑后退交通组织环道距离统一为10m。
2. 地块之间建筑退线不纳入本次规划范围，由下一阶段规划做出详细规定。
3. 容积率、建筑密度、建筑高度指标为上限，绿地率、停车位指标为下限。

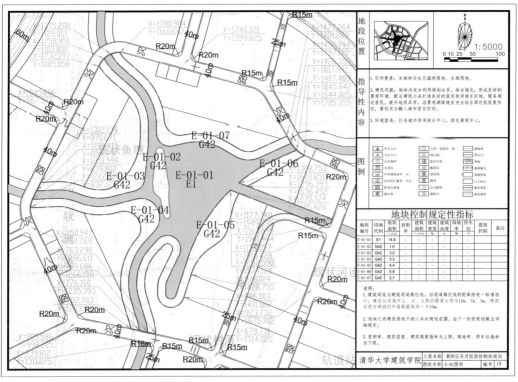

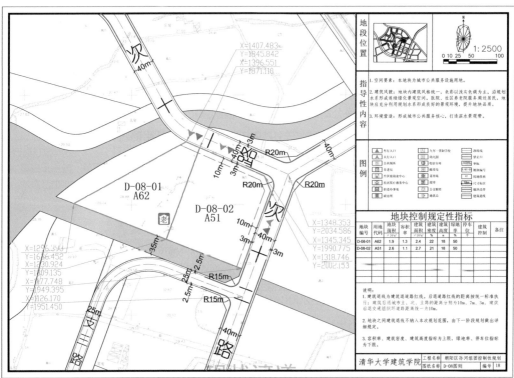

6.3 城市设计结合控规的全过程设计课程探索

清华控规设计课程探索了"城市设计 + 控规"的全过程式教学方法。在为期 16 周的"城市设计 + 控规联合教学"模式中,前 8 周为城市设计训练,后 8 周为控制性详细规划教学。控制性详细规划的设计地段选定为一个完整的控规编制单元,面积 1~2km²。由于三年级规划本科生尚不具备 8 周完成 1~2km² 城市设计任务的技能,因此城市设计的设计地段规模为 20~30hm²,且位于控规编制单元的空间范围内。学生在完成上下衔接的两个规划设计任务过程中,除现状调研、开发地块研究等工作采用分小组进行的模式之外,城市设计方案成果、控制性详细规划成果均要求每个人独立完成一套。

此外,因市政工程、环卫防灾规划等的专业技术性较强,超出了三年级学生在 8 周控规作业时间内完成相关规划任务的实际能力,所以清华控规课程对该方面的训练仅要求学生了解,不做具体的图纸规划和文本、说明书等方面的成果要求。市政工程与环卫防灾等的规划技能训练在学院专门开设的"市政基础设施规划"课程上培养。

6.3.1 教学题目设定与学生作业示范一

1. 教学题目设定:首钢地区城市设计与控制性详细规划 [①]

首钢总公司是中国十大钢铁公司之一,1989 年被国家批准为国家一级企业。公司前身为石景山炼铁厂,始建于 1919 年。1937 年被日军侵占,改名为石景山制铁所。抗战胜利后,相邻的久保田铁工所并入,1946 年改名为石景山钢铁厂。1948 年被人民政府接收为全民企业。1949 年后经几次大规模扩建改造,逐步形成从采矿、冶炼到轧材的大型钢铁企业。1994年钢产量达到 824 万 t,位居当年全国第一,同时以钢铁业为主,兼营采矿、机械、电子、建筑、房地产、服务业、海外贸易等多种行业,成为跨行业、跨地区、跨所有制、跨国经营的特大型企业集团。

为了还首都一片蓝天及积极支持 2008 年北京奥运会,2005 年 2 月,

---

① 设计地段基本情况根据以下资料整理:首钢工业区基础资料汇编(1999—2014 年度),文献 [75]。

国务院批准"首钢实施搬迁、结构调整和环境治理"方案。2005 年 6 月 30 日，首钢的功勋高炉——五号高炉停产拆迁，标志着具有 80 多年辉煌历史的首钢（中国最大的钢铁联合企业）涉钢系统搬迁的正式启动。根据北京市政府相关文件的要求，首钢于 2007 年底压产 400 万 t，并于 2010 年底实现主厂区的全面停产。首钢在这片土地上留下了极具规模的工业建筑群，有厂房、料仓等丰富的工业建筑，有水塔、锅炉、皮带长廊等特色的工业构筑物，还有群明湖、秀池、石景山等工业化的自然风景。未来园区将打造成高端要素聚集、总部特征明显、创新创意无限、工业文化浓厚、生态环境优美的新首钢高端产业综合服务区。

　　新首钢高端产业综合服务区位于石景山区中部、北京市区最西端，东临古城片区，西至永定河与门头沟新城隔河相望，南抵丰台区，北接金顶街片区，直享三区交汇的枢纽优势。在《北京城市总体规划（2004—2020 年）》确立的"两轴两带多中心"城市空间结构中，新首钢高端产业综合服务区作为"西部发展核心区"，处于西部发展带和东西轴——长安街延长线的节点位置，是长安街上唯一的最大规模发展用地，并作为北京"十二五"规划"两城两带、六高四新"创新产业格局中的四大高新产业新区之一，被直接纳入"国家服务业综合改革试点区""国家可持续发展试验区"和"中关村国家自主创新示范区"。综合服务区占地 8.63km^2，规划总建筑面积为 1060 万 m^2。

　　课程选定的规划设计地段位于首钢高端产业服务区的北部（图 6-2），城市设计范围约 20hm^2，控制性详细规划范围约 2km^2，规划设计任务要求如下：

　　（1）在现状调研的基础上，从城市—片区—地段等不同尺度对规划区进行综合研究，明确规划区发展的问题与挑战、优势与潜力、目标与方向等（2 周）。

　　（2）针对约 20hm^2 的设计地段进行城市设计（6 周），完成城市设计成果 1 套。在工业遗产保护的前提下，将地段规划设计为包含商业办公、文化创意产业、文化休闲、居住等功能在内的复合发展区，使其成为北京标志性高端产业综合服务地区的重要组成部分。

图 6-2 首钢地区城市设计与控制性详细规划的规划地段与范围

（3）针对面积约 2km² 的规划区编制完成控制性详细规划成果 1 套（8周），以引导北京高端产业综合服务区的未来建设发展。通过合理的功能定位、路网优化、遗产保护、旧建筑再利用、新开发管控等，初步掌握存量规划导向下的控制性详细规划的编制方法与管理途径。

2. 学生作业示范[①]

作业的城市设计地段选择在北京石景山片区首钢工业园区的西北角，是首钢地区工业遗存保留最多的地段之一。方案重在探索如何针对工业遗产保护类的城市更新活动，处理好工业历史意向维护和新型产业注入之间的平衡关系，理念为"保护式发展中的新旧共存"。

（1）保护式发展

方案充分保留了片区内的工业遗迹和文化遗存并进行再次利用，如大机械厂房、大库仓、工人宿舍、工人活动礼堂、高空运输管道等，通过切割、重组、拼贴改造、场地设计等城市设计手法对其形态关系进行设计织补和整体处理，以满足文化观光、商业购物、文创企业办公、剧院、高空观光

---

① 作业来自 2015 年教学成果，学生聂聪，指导教师为黄鹤、唐燕。

等新型产业与功能的空间需求。方案还以石景山、冷凝塔等外围工业遗存和南北冷凝池（湖）作为视觉控制关键点和片区活动重要节点，通过视觉廊道和步行通廊设计、保留片区肌理等手法，来进一步强化场地的原有特征。

（2）新旧共存

设计片区在发展定位上被确定为首钢文化创意园区，基于国际优秀文化创意产业发展的案例分析与经验借鉴，设计方案提出了"创意办公 × 文化观光"的发展新模式。一方面，以打造"文化创意办公"为龙头，为中小企业提供个性鲜明、品格优质的办公环境和配套设施；另一方面以现有文化遗存为基底，发展"文化观光产业"来打造地区名片，为场地提供流量与活力。这其中的"×"代表融合，在链接创意办公与文化观光的交叠空间中设置文创展览、路演空间、集市等，打造文化创意产业链中重要的交流与交易载体。总体上，设计方案因此可划分为北部以新区为主的企业办公区和南部以工业遗存为主的文化观光区两大部分，两者相互支持和相互增益，形成"旧象新魂，新旧共存"的辉映格局。同时，方案设计有步行系统贯穿全场，构建起"办公绿化带 + 文化观光轴"的慢行休闲体系。

设计方案倡导"遗存保留优先"策略，新建建筑的体量和高度都不超过原工业遗存的建筑尺度，使得新的建设能够通过小体量、高密度、屋顶绿化等方式隐匿在工业园区中，从而创造出一个充满工业遗存记忆与新型创意活力的城市新天地。

控制性详细规划以城市设计为基础，规划范围拓展到首钢组团，面积约2km²。在位于原首钢园区中的规划区内，工业遗产资源（冷凝塔、筒仓、炼钢作业核心区）和水域景观面（冷凝池、永定河）丰富，是规划重点保护利用的关键对象。方案针对首钢组团确定了"以工业文化为基底，综合发展集文化观光、商务办公、居住社区"的规划发展目标。

① 在空间结构上，首钢组团位于长安街的西延长线上，从长安街往北，规划区围绕景观湖面（原工业冷凝池）形成了三条南北纵向的产业空间发展带，分别为"工业遗产景观绿化观光带""城市商务办公发展带""创意

产业办公发展带"。几条横贯东西的交通线路和混合功能线将它们整合在一起，成为紧密相连和支撑互助的整体系统。

② 在绿化景观上，规划形成了"三纵两横"的网络状景观体系。"三纵"分别为滨水防护绿化带、工业遗存景观带和首钢铁路景观带；"两横"为关键的东西向视线通廊，连接了石景山、冷凝塔、冷凝池、永定河等重要场地制高点和核心景观节点。

③ 在容积率、建筑密度和建筑高度的控制上，利用西侧永定河的景观统筹作用与东侧靠近城市成熟片区的区位优势，确定规划区应形成西低东高的空间生长格局。中心以工业遗产绿化带和冷凝池周边地区作为关键建设控制区，以工业遗存的现状建设情况为参照，严格控制新增建筑的数量、体量和高度，形成工业遗产优先、文化观光产业为主的特色中心区。位于工业遗存景观绿化带以东的商务办公产业发展轴带，则允许合理提高容积率和建筑密度，通过集约化建设为首钢组团注入新的发展活力。

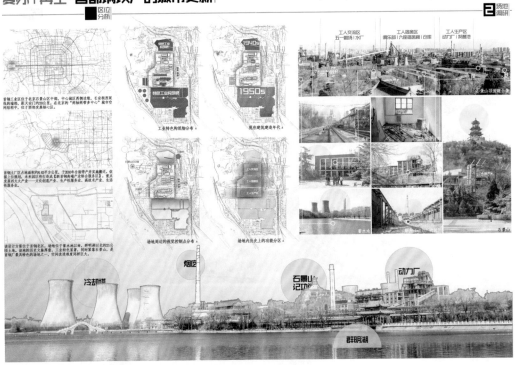

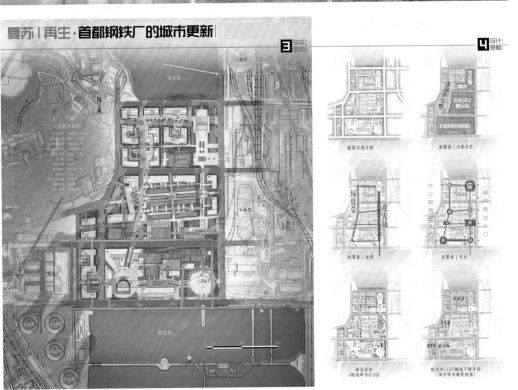

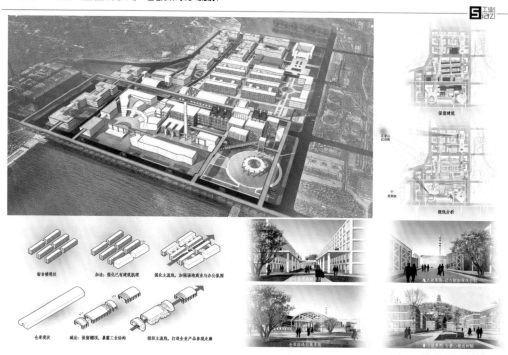

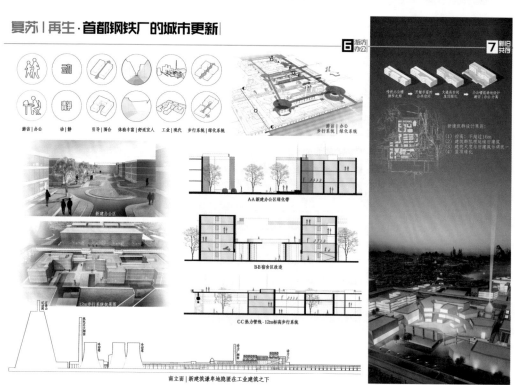

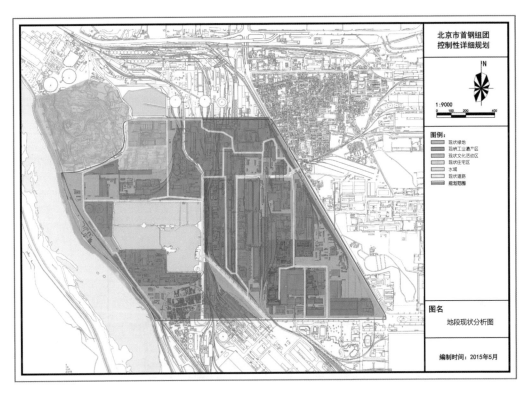

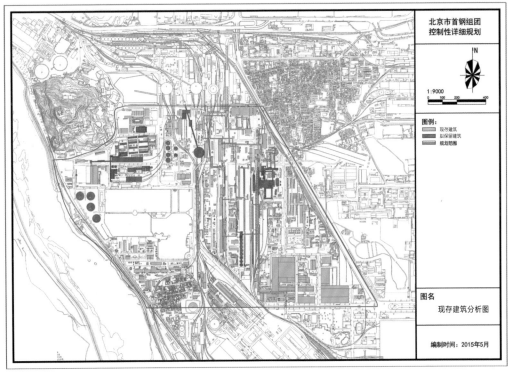

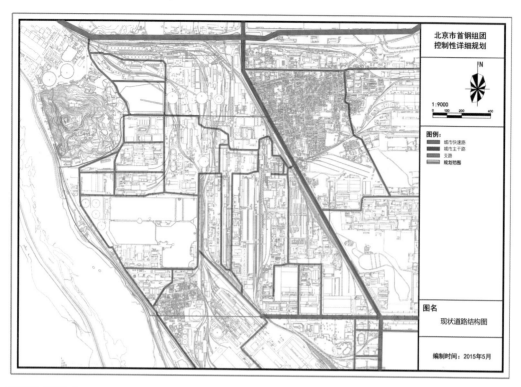

北京市首钢组团
控制性详细规划

N

1:9000

图例:
城市快速路
城市主干路
支路
规划范围

图名
现状道路结构图

编制时间:2015年5月

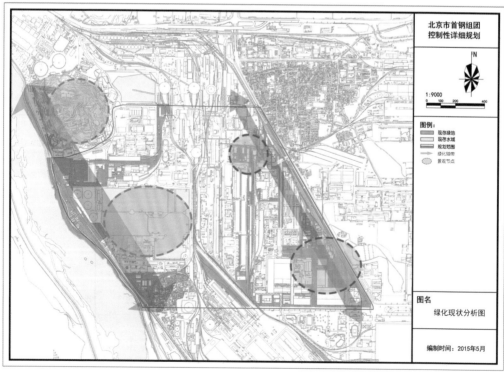

北京市首钢组团
控制性详细规划

N

1:9000

图例:
现存绿地
现存水域
规划范围
绿化轴带
景观节点

图名
绿化现状分析图

编制时间:2015年5月

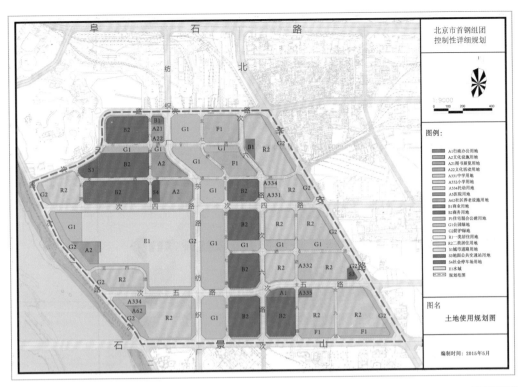

北京市首钢组团
控制性详细规划

1:9000
0 100 200 400

图例:

A1行政办公用地
A2文化设施用地
A21图书展览用地
A22文化活动用地
A331中学用地
A332小学用地
A334托幼用地
A5医院用地
A62社区养老设施用地
B1商业用地
B2商务用地
F1住宅商业混合用地
G1公园绿地
G2防护绿地
R1一类居住用地
R2二类居住用地
S1城市道路用地
S3地面公共交通站用地
S4社会停车场用地
E1水域
规划范围

图名

土地使用规划图

编制时间: 2015年5月

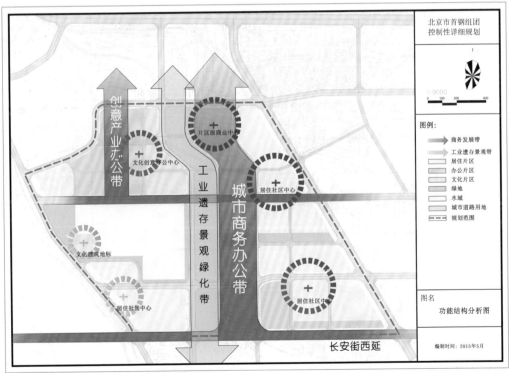

北京市首钢组团
控制性详细规划

1:9000
0 100 200 400

图例:

商务发展带
工业遗存景观带
居住片区
办公片区
文化片区
绿地
水域
城市道路用地
规划范围

图名

功能结构分析图

编制时间: 2015年5月

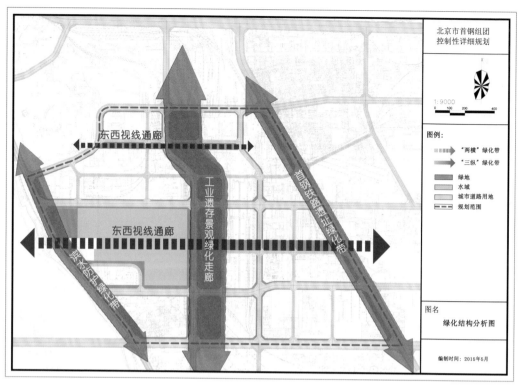

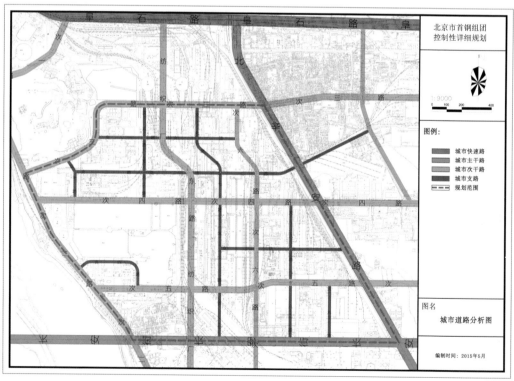

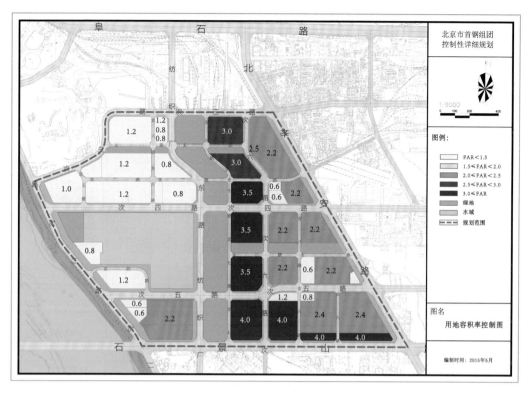

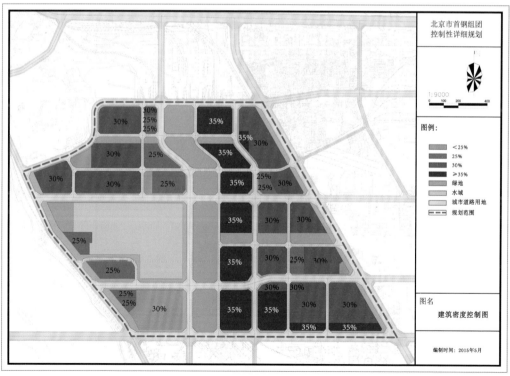

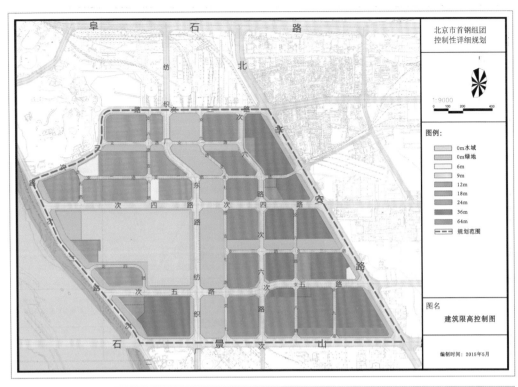

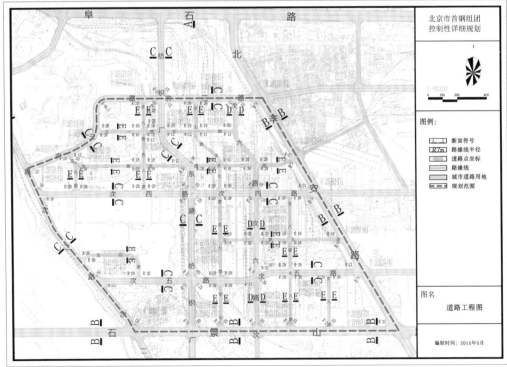

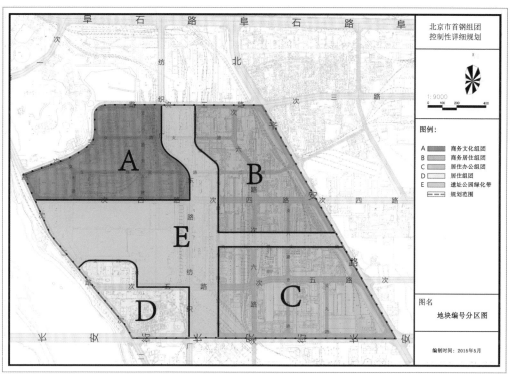

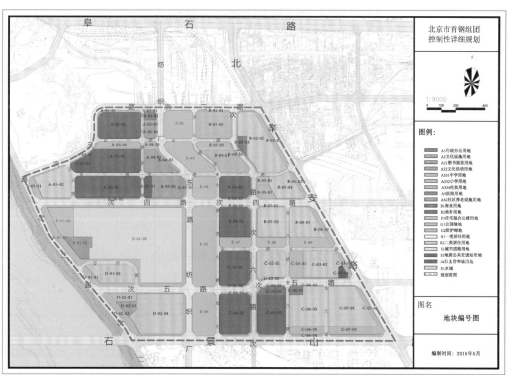

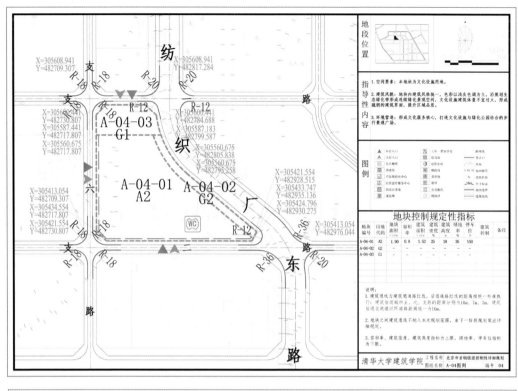

地段位置

指导性内容
1. 空间要素：本地块为文化设施用地。
2. 建筑风貌：地块内建筑风格统一、色彩以浅灰色调为主，沿规划生态绿化带形成连续绿化景观空间，文化设施建筑体量较大，形成疏朗的建筑界面，提升区域品质。
3. 环境营造：形成文化服务核心，打造文化设施与绿化公园结合的步行慢度广场。

图例

地块编号	用地代码	地块面积（×10⁴）	容积率	建筑面积	建筑密度	建筑高度	绿地率	停车位	建筑控制	备注
A-04-01	A2	1.90	0.8	1.52	25	18	35	150		
A-04-02	G2	-	-	-	-	-	-	-		
A-04-03	G1	-	-	-	-	-	-	-		

说明：
1. 建筑退线为建筑退道路红线，后退道路红线的距离按统一标准执行；建筑后退城市主、次、支路的距离分别为10m，7m，5m。建筑后退交通组织环湖路距离统一为10m。
2. 地块之间建筑退线不纳入本次规划范围，由下一阶段规划划定详细规定。
3. 容积率、建筑密度、建筑高度指标为上限，绿地率、停车位指标为下限。

清华大学建筑学院　　工程名称　北京市首钢组团控制性详细规划
　　　　　　　　　　图纸名称　A-04图则　　　编号　04

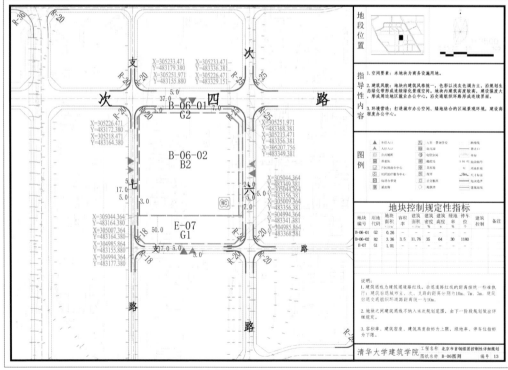

地段位置

指导性内容
1. 空间要素：本地块为商务设施用地。
2. 建筑风貌：地块内建筑风格统一、色彩以浅灰色调为主，沿规划生态绿化带形成连续绿化景观空间，地块内建筑高度较高，建设强度大，形成周地地块办公中心，沿交通组织环路形成连续界面。
3. 环境营造：打造城市办公空间，绿地结合的区域景观环境，建设高密度办公中心。

图例

地块编号	用地代码	地块面积（×10⁴）	容积率	建筑面积	建筑密度	建筑高度	绿地率	停车位	建筑控制	备注
B-06-01	G2	0.26								
B-06-02	B2	3.36	3.5	11.76	35	64	30	1180		
E-07	G1	1.01								

说明：
1. 建筑退线为建筑退道路红线，后退道路红线的距离按统一标准执行；建筑后退城市主、次、支路的距离分别为10m，7m，5m。建筑后退交通组织环湖路距离统一为10m。
2. 地块之间建筑退线不纳入本次规划范围，由下一阶段规划划定详细规定。
3. 容积率、建筑密度、建筑高度指标为上限，绿地率、停车位指标为下限。

清华大学建筑学院　　工程名称　北京市首钢组团控制性详细规划
　　　　　　　　　　图纸名称　B-06图则　　　编号　13

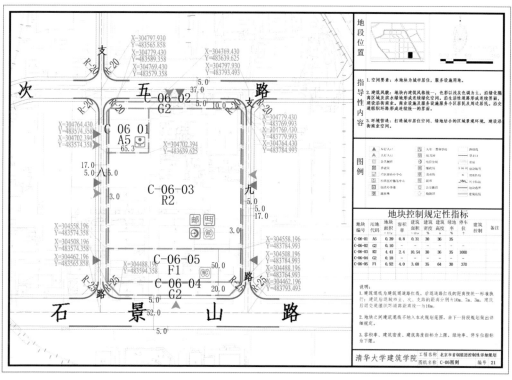

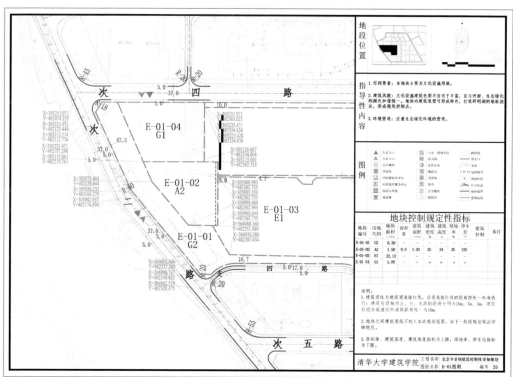

北京市首钢组团
城市设计图则

N

1:9000
0 100 200 300 400

图例

重点保留改造建筑
主要交通流线
主要视觉通廊
次要视觉通廊

城市设计指引要求

（1）保留场地内核心工业历史建筑，突出历史建筑物/构筑物的工业特性与整体肌理，充分展示工业建筑的独特构造与空间形态。
（2）延续地段的工业场所感，原有的工业大空间可合理利用，适当植入商业、文化、办公与展览等功能。
（3）重点保留并改造图示中的三组建筑群，按图延续整体格局、局部改造修缮的方式，进行保护结合发展的综合利用。
（4）保留场地原有的"四横三纵"视觉通廊关系，将之作为地块形态控制的轴线和主要交通的组织线索，实现视觉与功能的统一。
（5）视觉通廊范围内不允许建设永久性建筑，相应的绿化与构筑物高度不应高于两侧建筑高度。

空间引导图则-03

清华大学建筑学院 2015年5月

6.3.2　教学题目设定与学生作业示范二

1. 宋庄镇小堡村地区城市设计与控制性详细规划 [①]

宋庄镇是北京市通州城市副中心下辖的一个镇，位于北京东部，通州北部，西与朝阳区接壤，北与顺义区为邻，东邻潮白河，西邻温榆河，距市区东直门22km。宋庄镇域面积116km²，辖47个行政村，镇域内户籍人口近10万。宋庄自然环境得天独厚，未来将在巩固都市工业基础上，大力发展文化创意、临空经济、体育休闲、观光生态四大新兴产业。

当前大众所说的宋庄，通常泛指位于北京市通州区的宋庄艺术区。宋庄镇艺术人才集聚，20世纪90年代中期，艺术家开始在宋庄这片土地上集

[①]　设计地段基本情况根据以下资料整理：宋庄简介.北京市通州区宋庄人民政府网站，http://www.songzhuang.gov.cn/a/szjj/，2017；黄鹤.清华大学建筑学院控制性详细规划设计课程讲义，2016.

聚。在过去十多年时间里，宋庄以开放的胸怀和包容的心态，吸引了 5000 多海内外艺术创作者。他们跟随着黄永玉、栗宪庭等艺术大师的足迹来此生活、创作，造就了全球人数最多、规模最大的原创艺术大本营——宋庄艺术家群落。目前，宋庄已有各类美术馆和大型艺术机构 14 家。每年在此进行的艺术展演、文化交流活动超过 500 场次，国际性活动 50 场次。宋庄艺术家每年参加六大洲 30 个国家的艺展活动 80 多场，涉及作品数千件，吸引国际观客 10 多万人次，受到了国内外各界人士的广泛关注，逐渐建立起宋庄当代、原创、前沿、生态艺术的文化品牌，扩大了宋庄在艺术发展领域的社会影响力，推动了宋庄文化创意产业的积极发展。2006 年 12 月，北京市文化创意产业领导小组正式认定了十大文化创意产业集聚区，宋庄文化创意产业集聚区便是其中之一。

宋庄镇小堡村是中国最大的原创艺术家聚集地。从 1993 年开始，陆续有艺术家到宋庄镇小堡村租房。1995 年北京圆明园画家村解散后，一部分艺术家集体搬迁到小堡村。近年来，艺术家迁入宋庄速度呈上升趋势，到 2006 年，规模已经达到 1000 人左右。这些艺术家主要分布在以小堡村为核心的瞳里、六合、大兴庄、辛店、喇嘛庄、任庄、北寺、小杨庄、白庙、邢各庄等村庄之中，其中小堡村居住和创作的艺术家数量最多，约占宋庄艺术家的 1/4。宋庄也由原来单纯的艺术家居住性聚集形式，逐步发展为原创艺术家、画廊、批评家和经纪人等共同形成的艺术集聚区。

课程选定的规划设计地段位于宋庄小堡村（图 6-3），地段以南紧邻通州中心城区，未来面临部分城镇化开发机遇。控规地段范围覆盖了小堡村村域范围内的小堡村村庄及其周边的国防艺术区、废弃工业区和其他商业、居住区等，面积约 1.4km²；城市设计范围约 20hm²，包括徐宋路以南的国防艺术区、工业棕地和沿街商业等。规划设计任务要求如下：

（1）在现状调研的基础上，从城市—片区—地段等不同尺度对规划区进行综合研究，明确规划区发展的问题与挑战、优势与潜力、目标与方向等（2 周）。

（2）针对约 40hm² 的设计地段进行城市设计（6 周），完成城市设计成果 1 套。在文化艺术类建筑改造，工业建筑保留、改造或利用的前提下，将地段规划设计为包含文化创意生产、商业服务、文化休闲等复合功能的宋庄新片区，使其成为宋庄文化创意产业发展的空间载体与地区服务中心。

（3）针对面积约 1.4km² 的规划区编制完成控制性详细规划成果 1 套

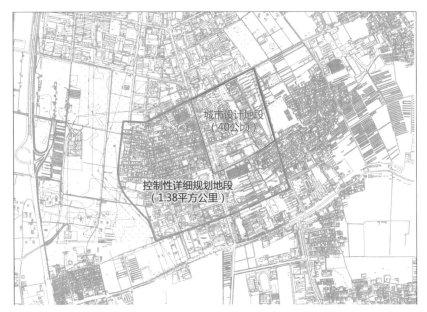

图 6-3　宋庄小堡村地区城市设计与控制性详细规划的规划地段与范围

（8周），将规划区建设成为集文化艺术、村庄建设及公共服务为一体的综合区域，总体容积率不超过 1。通过合理的功能定位、路网优化、村庄保护、文化艺术发展、工业建筑再利用、新开发管控等，初步掌握存量规划导向下的控制性详细规划的编制方法与管理途径。

2. 学生作业示范 ①

作业的城市设计地段选择在北京市通州区宋庄镇小堡村的中部，国防艺术区和宋庄艺术工厂的周边。地段内各种用地混杂，核心功能不突出，建筑类型在尺度、风格上差异巨大。因此，设计方案重在探究如何将地段的这种"无序"状态转变为"有序"的有机态，以达到多元性与秩序性之间的平衡，从而确立了"有机·混合城市"的设计主题。

（1）功能植入

方案在保留地段原有的"功能高度混合"的特点基础上，组织建立更为合理、有效的地区功能秩序。设计根据规划区内原有的功能分布状况，将地段划分为"中心艺术组团"和外围"综合服务组团"两大功能板块。在

---

① 作业来自 2016 年教学成果，学生井琳，指导教师为唐燕、黄鹤。

艺术功能组团内，保留国防艺术区的基本布局，西北角植入商业步行街，激活国防艺术区的人气和商业价值；在综合服务功能组团内，充分尊重原有工业厂房和农田的肌理，通过局部拆除、连接、植入等手段，适当增加建筑密度、提升建筑质量、改善环境品质，从而将工业厂房局部改造再利用为居住、艺术办公与商业服务等功能，将地段东侧的荒地改造为艺术农业社区，建设融居住、商业、艺术创作、生态为一体的综合片区。

（2）建筑更新

设计方案力图保留地段内艺术建筑与工业建筑的类型多样性特征，并对混乱的尺度和风貌特征进行整合，以形成尺度组合错落有致、建筑风貌变化有序的建筑格局。方案保留了地段内 40% 的现状建筑，改建了 20% 的现状建筑，拆除了余下的 40% 建筑质量较差、价值较低的建筑。设计提炼出"小尺度—传统风格""中等尺度—传统与现代的过渡风格""大尺度—现代风格"三种典型建筑类型，在艺术和综合服务功能组团中根据实际需要进行合理的建筑改造和植入。针对东部的艺术农业社区，方案引入了中、小两种尺度的院落式建筑，实现与农业景观的相伴相生。

控制性详细规划以城市设计为基础，规划范围拓展到整个小堡村中部地区，面积约 1.4km^2。规划区内包含了宋庄村庄肌理保存最完整的一片村落，也是宋庄镇艺术化的源起地区。方案针对这些地段特征，制定了"尊重历史、精明增长、重视生态"的发展目标。

在空间结构上，方案将整个地段划分为两个保护区（村落与工业）、一个国防艺术区、两个艺术家居住区和一个居住商业混合社区，并依托地段中心干路沿线已经形成的商业功能，形成南北线性的商业服务轴，贯穿整个场地并为村落保护区、国防艺术区和艺术工厂的不同人群提供交流、展览、购物、贸易和休闲的空间场所。

在绿化景观上，整合路边线性公园和依据规划人口规模设置的六片集中公园，形成点线结合的绿化空间结构。结合绿地布局建立地区慢行系统，创造良好的步行与非机动车通行环境。

在容积率、建筑密度和建筑高度的控制上，方案充分尊重地段内保护区的低容积率、低密度、低建筑高度特点，结合未来人口增长对规划区建筑面积的新需求和城市沿街界面在高度上的景观管控要求，将地段整体容积率控制在 0.6，最高容积率不超过 2.4，自西向东、自南向北形成整体逐渐降低的天际线。

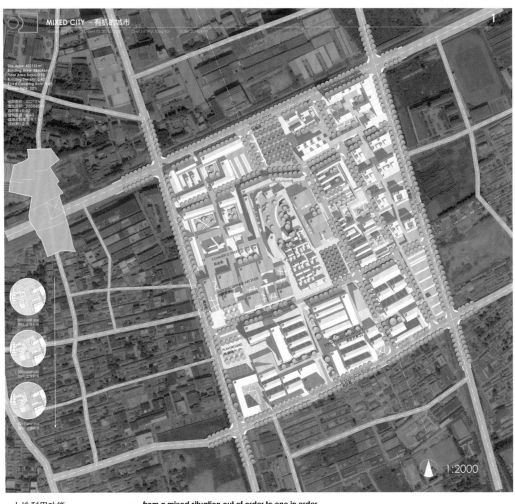

Site Area: 402131m²
Building Area: 386004m²
Floor Area Ratio: 0.92
Building Density: 0.40
Road Covering Rate: 34%

地块面积: 402131m²
建筑面积: 386004m²
建筑密度: 0.52
绿地率(率): 40
绿地合车位: 8个
泊车数: 2个

1:2000

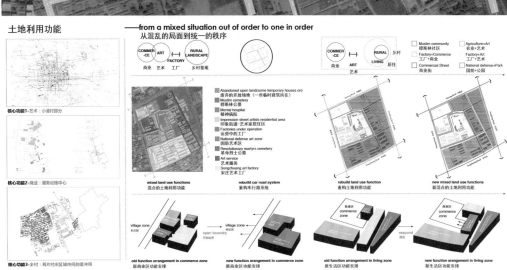

土地利用功能

——from a mixed situation out of order to one in order
从混乱的局面到统一的秩序

核心功能1-艺术：小浦村部分

核心功能2-商业：服务设施中心

核心功能3-乡村：两片村庄区域中间的缓冲带

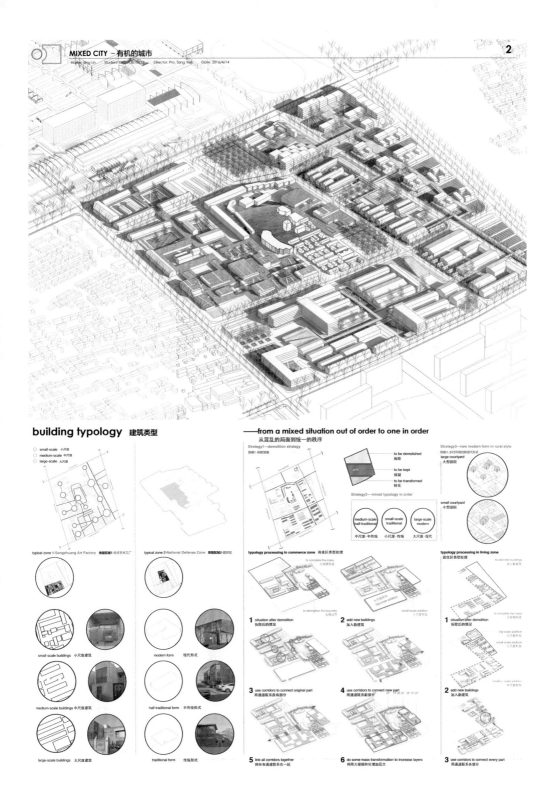

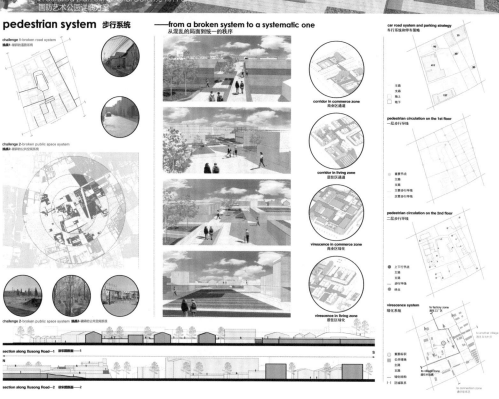

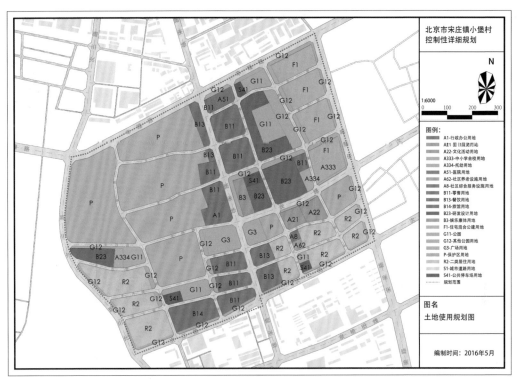

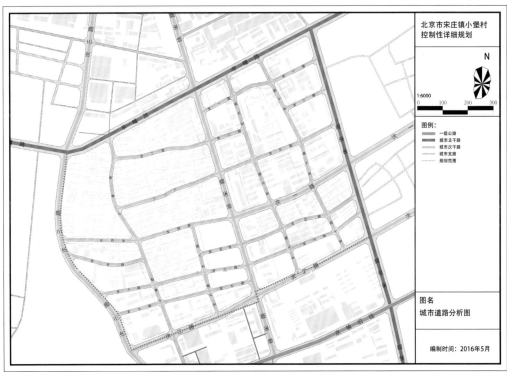

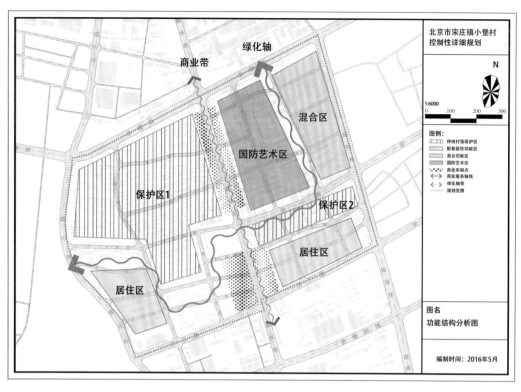

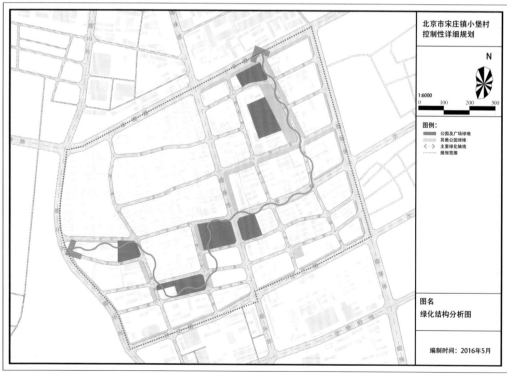

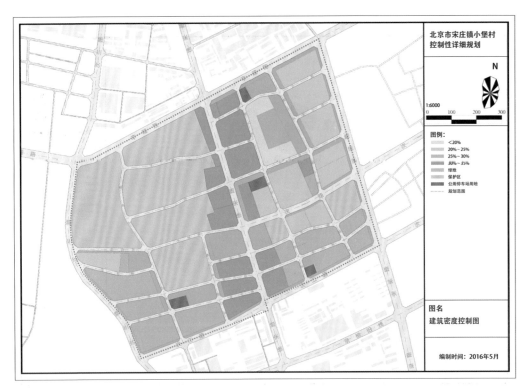

建筑密度控制图

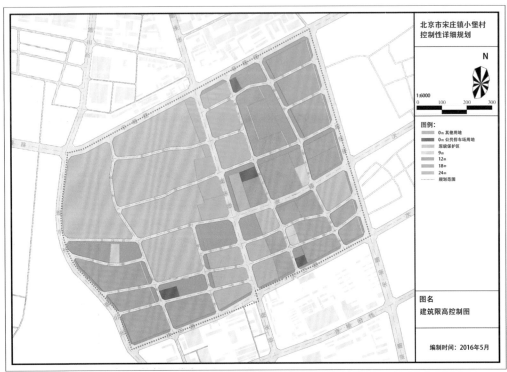

建筑限高控制图

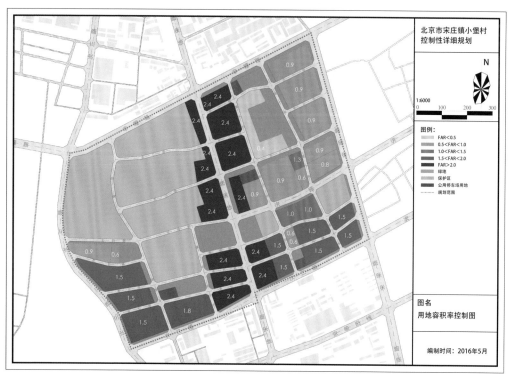

北京市宋庄镇小堡村
控制性详细规划

N

1:6000

图例
　FAR<0.5
　0.5<FAR<1.0
　1.0<FAR<1.5
　1.5<FAR<2.0
　FAR>2.0
　绿地
　保护区
　公用停车场用地
　规划范围

图名
用地容积率控制图

编制时间：2016年5月

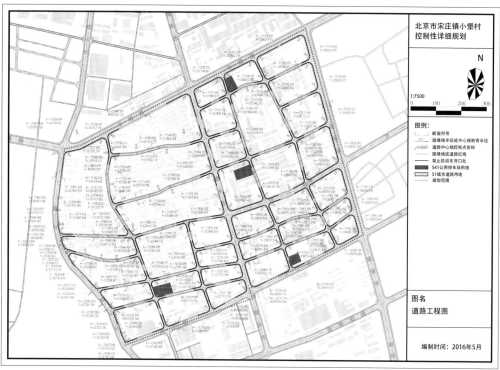

北京市宋庄镇小堡村
控制性详细规划

N

1:7500

图例
　断面符号
　路缘线半径或中心线转弯半径
　道路中心线控制点坐标
　路缘线或道路红线
　禁止机动车开口处
　S41公用停车场用地
　S1城市道路用地
　规划范围

图名
道路工程图

编制时间：2016年5月

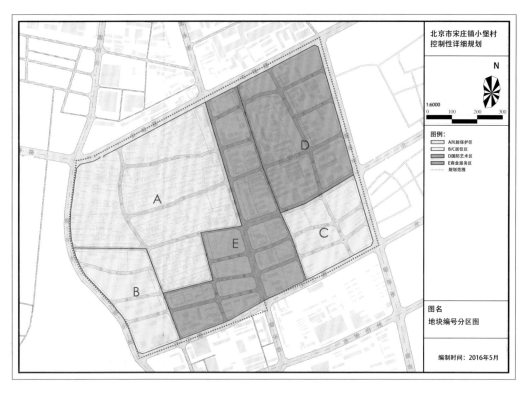

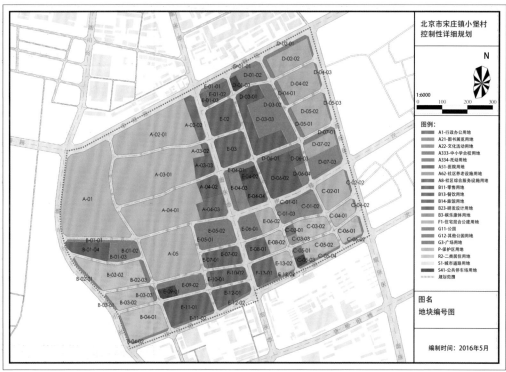

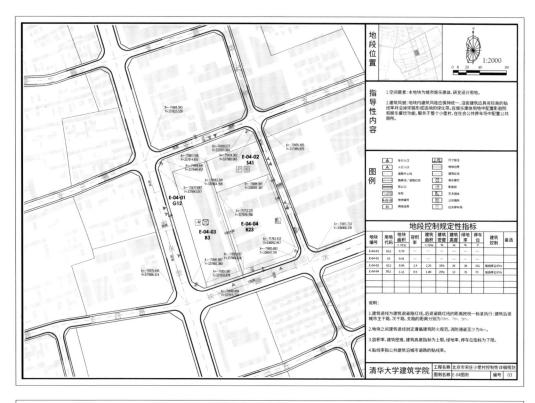

地段位置 1:2000

指导性内容

1.空间要素：本地块为城市娱乐康体、研发设计用地。
2.建筑风貌：地块内建筑风貌应保持统一，沿街建筑应具有较高的贴线率并沿街设形成连续的绿化带。在娱乐康体用地中配置影剧院和娱乐餐饮功能，服务于整个小堡村，在社会公共停车场中配置公共厕所。

图例

地段控制规定性指标

地块编号	用地代码	地块面积×10²m²	容积率	建筑面积×10²m²	建筑密度%	建筑高度m	绿地率%	停车位个	建筑控制	备选
E-04-01	G12	0.70	—	—						
E-04-02	G3	0.41	—	—						
E-04-03	G12	0.96	2.4	2.29	39%	24	30	161	贴线率≥85%	
E-04-04	B11	1.11	0.9	1.00	25%	12	35	70	贴线率≥85%	

说明：
1.建筑退线为建筑退道路红线，后退道路红线的距离按统一标准执行：建筑后退城市主干路、次干路、支路的距离分别为10m、7m、5m。
2.地块之间建筑退线划定遵循建筑防火规范，消防通道至少为4m。
3.容积率、建筑密度、建筑高度指标为上限，绿地率、停车位指标为下限。
4.贴线率指公共建筑沿城市道路的贴线率。

清华大学建筑学院
工程名称 北京市宋庄小堡村控制性详细规划
图则名称 E-04图则　编号 03

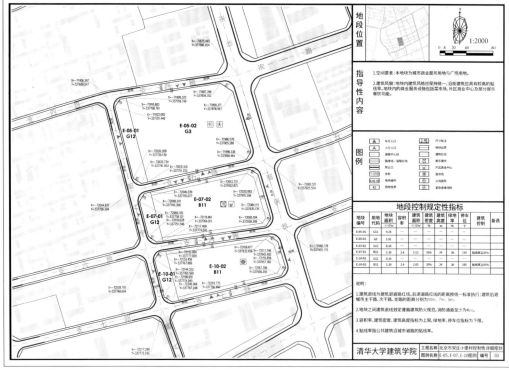

地段位置 1:2000

指导性内容

1.空间要素：本地块为城市商业服务用地与广场用地。
2.建筑风貌：地块内建筑风貌应保持统一，沿街建筑应具有较高的贴线率，地块内的商业服务设施包括菜市场、片区商业中心及部分娱乐餐饮功能。

图例

地段控制规定性指标

地块编号	用地代码	地块面积×10²m²	容积率	建筑面积×10²m²	建筑密度%	建筑高度m	绿地率%	停车位个	建筑控制	备选
E-05-01	G12	0.34	—	—						
E-05-02	G3	1.91	—	—						
E-07-01	G12	0.34	—	—						
E-07-02	B11	1.30	2.4	3.12	35%	24	30	219	贴线率≥85%	
E-10-01	G12	0.53	—	—						
E-10-02	B11	1.10	2.4	2.65	35%	24	30	185	贴线率≥85%	

说明：
1.建筑退线为建筑退道路红线，后退道路红线的距离按统一标准执行：建筑后退城市主干路、次干路、支路的距离分别为10m、7m、5m。
2.地块之间建筑退线划定遵循建筑防火规范，消防通道至少为4m。
3.容积率、建筑密度、建筑高度指标为上限，绿地率、停车位指标为下限。
4.贴线率指公共建筑沿城市道路的贴线率。

清华大学建筑学院
工程名称 北京市宋庄小堡村控制性详细规划
图则名称 E-05、E-07、E-10图则　编号 03

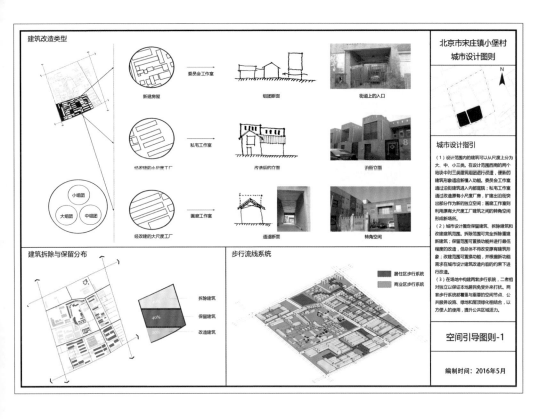

第7章 控制性详细规划文本与说明书

7.1 控制性详细规划文本与说明书

7.1.1 控规文本内容构成

控制性详细规划文本具有法律效力，撰写上基本采用条文形式，力图做到精炼准确、重点突出。控规文本的撰写方式并非一成不变，但概括起来，文本涵盖的主要内容一般包括总则、功能与规模、用地分类、公共服务设施规划、道路交通规划、绿化水系规划、市政工程规划、环卫与防灾规划、城市设计指引、土地使用与建筑管理通则等，具体条目及详细内容构成见表7-1。

表7-1 控制性详细规划文本的内容构成概要

章节	主要条目	关键内容
总则	规划目的、规划依据、规划原则、规划范围、规划效力等	• 简要阐述规划的工作背景，明确规划编制的经济、社会、环境等综合目的。 • 说明规划编制主要依据的各级法律法规、行政规章、政府文件、技术标准，以及相关上级规划和其他规划等。 • 明确主要规划原则，表明规划编制在指导思想和重大问题应对上的价值取向和行动规则。 • 描述规划区的地理区位与规划范围等。 • 说明规划编制成果的效力、适用范围和适用对象，阐述规划文本、图则的法律地位及强制性条款的内容设置等
目标、功能与规模	规划目标、功能定位、总体规模等	• 依据城市总体规划或分区规划提出规划发展目标，确定规划区的功能定位。 • 确定规划期内的人口控制规模和建设用地控制规模
用地分类	规划结构、土地使用分类等	• 确定规划区内的用地结构与功能布局，明确主要用地的空间分布和规模。 • 根据国家或地方的城市用地分类标准细分地块，阐述土地使用的规划要点，统计说明各类用地的布局与规模。对用地性质细分和土地使用兼容性控制的原则和措施加以说明，确定各地块的规划控制指标。 • 通过技术表格明确土地使用的控制要求，主要包括用地分类一览表、规划用地平衡表、土地使用兼容控制表等

章节	主要条目	关键内容
公共服务设施	城市级和片区级公共服务设施、居住区公共服务设施	• 确定城市级和片区级公共服务设施的数量、类型和位置。 • 对居住区的公共服务设施进行配置，说明居住区级和社区级公共服务设施的类型、配建规定和规划建设要求等
道路交通	道路系统、交通设施、公交系统、慢行系统等	• 规划道路的路网系统及交通组织方式，对路网密度、道路等级、道路性质、道路红线宽度、道路断面形式、道路交叉口形式等做出规定。 • 提出对轨道交通、交通站场、公交线路和慢行系统等交通要素的控制规定。 • 提出对停车场、加油/气站、充电站等交通设施的规划要求
绿化水系	景观系统、绿地系统、河流水系等	• 阐述规划区内的景观系统结构及规划原则，说明绿地、水系、公共广场的空间关系与位置分布。 • 说明规划区的绿地系统布局结构、绿地类型及位置分布，确定各级绿地的范围、界限、规模和建设要求。 • 阐述规划区内河流水域的系统分布状况，提出水环境治理要求、河道蓝线控制原则和具体建设要求等
市政工程	给水规划、排水规划、供电规划、电信规划、燃气规划、供热规划等	• 说明给水规划主要内容，包括：预测总用水量，选择供水引入方向，布局给水管网，计算输配水管径，校核配水管网水量及水压，确定加压泵站、调节水池等给水设施的位置和规模等。 • 说明排水规划主要内容，包括：明确排水体制，预测雨污水的排放量；确定雨污水泵站、污水处理厂等相关设施的位置、规模和卫生防护距离；确定雨污水系统的布局、管线走向与管径、管线平面位置、主要控制点标高、出水口位置；提出污水处理工艺初步方案等。 • 说明供电规划主要内容，包括：预测总用电负荷，选择电源引入方向，确定供电设施（如变电站、开闭所）的位置和容量，规划布置10kV电网及低压电网，明确线路敷设方式及高压走廊保护范围等。 • 说明电信规划主要内容，包括：预测通信总需求量，选择通信接入方向，确定电信局/所的位置及容量，确定通信线路位置、附设方式、管孔数、管道埋深，确定规划区电台、微波站、卫星通信设施控制保护措施及重要通信干线（含微波、军事通信等）保护原则等。 • 说明燃气规划主要内容，包括：预测总用气量，确定储配气站的位置、容量及用地防护范围，布局燃气输配管网、计算管径等。 • 说明供热规划主要内容，包括：预测总热负荷、选择热源引入方向、布局供热设施和供热管网等
环卫与综合防灾	环境卫生、消防、防洪、人防、抗震规划等	• 说明环卫规划主要内容，包括：估算规划区内固体废弃物产量，提出环境卫生控制要求，确定垃圾收运方式，布局各种卫生设施并确定其位置、服务半径、用地、防护隔离措施等。 • 说明消防、人防、防洪、抗震等规划的主要内容，包括：确定各种消防设施的布局及消防通道间距；确定地下防空建筑的位置、数量与规模，明确配套内容、抗力等级以及平战结合用途；确定防堤标高、排涝泵站位置等；确定灾害发生时的疏散通道与疏散场地布局；确定生命线系统的布局及管理维护措施等

章节	主要条目	关键内容
城市设计指引	开放空间、天际线、标志性建筑、夜景照明、标识系统、建筑高度/体量/风格/色彩等	• 提出规划区的整体城市设计构想，明确需要做出强制性或指导性规定的城市设计管控内容。 • 依据规划区的具体情况，可对城市天际线、标志性建筑、街道、夜景照明、标识系统及无障碍设计等要素提出管控要求；可对重点地区的建筑高度、体量、风格、色彩、建筑群体空间组合关系等提出控制引导原则和要求；可对城市广场、绿地、水体等开放空间和重要功能片区提出建设指引要求等
土地使用与建筑管理通则	单元与地块划分、土地使用、"四线"控制、地下空间利用、建筑容量规划、建筑建造控制等	• 提出对土地使用的规定，主要包括：规划用地细分的管理规定（规划单元/街区划分、地块划分），规划单元/街区与地块编号方法，确定地块控制指标（一览表）等。 • 用地性质以及土地使用兼容性、用地适建性等规定。 • 道路红线、绿地绿线、城市蓝线、城市黄线的边界确定与规划控制要求。 • 提出地下空间建设、利用及管理的控制要求。 • 对建筑容量的规划控制，主要包括：街区、地块的容积率和绿地率控制规定，街区、地块的建筑密度控制规定，街区的人口容量规划，街区、地块的容量和密度变更调整规定等。 • 对建筑建造的规划控制，主要包括：对建筑限高、建筑间距、建筑退让、交通出入口、停车泊位、配建公共服务设施等的规定
管理实施	规划实施与管理规定、公众参与等	• 明确规划批准后的管理实施要求、特殊的行政管理措施等。 • 提出促进公众参与和保障公众权益的规划倡导等
附则与其他	成果组成、责任主体与管理权限、附图/附表与附录等	• 说明规划的成果组成、生效时间及修改情况等。 • 说明规划实施过程中对各种问题进行解释和处理的权责主体，确定规划实施主管单位和规划解释主体的权限等。 • 其他附图、附表与附录等

7.1.2 控规文本用词说明

撰写控制性详细规划文本，用词需精准到位，避免产生歧义和多种解释的可能，以保证规划实施的科学性、严谨性与严肃性。表示严格程度的用词以及表示相关规定的用词通常遵循如下表述要求：

（1）"禁止"表示很严格，非这样做不可的用词。正面词用"必须"或"须"；反面词用"严禁"。

（2）表示严格，在正常情况下均应这样做的：正面词采用"应该"或"应"；反面词采用"不应"或"不得"。

（3）表示允许稍有选择，在条件许可时首先应这样做的：正面词采用"宜"或"可"；反面词采用"不宜"。

（4）条文指明应按其有关标准或规定执行时，写法为："应按照（或遵照）……执行"或"应符合……的规定（或要求）"。

（5）非必须按所指定的标准或规范执行的用语为："参照……执行"。

（6）表示指导性推荐意见的用语："建议……""最好……"或"……为宜"。

7.1.3　说明书与常见附表

控规说明书是对控规文本的具体解释和补充说明，内容更加翔实，形式上相对文本撰写自由一些。在说明书中，会对项目概况和现状分析等内容加以描述，而文本则重在阐述规划所得结果。说明书与文本以条文形式进行表达的做法亦不同，通常会分章节，用文字段落和图表等信息进行综合表述。由于说明书本身不具有法律效力，因此在措辞用句方面相较文本语言的确定性和严谨性，说明书具有更大的语言表达空间。

在文本或说明书中，重要且常见的附表包括规划用地平衡表、公共服务设施规划控制表、规划道路建设控制指标表、交通设施一览表、分地块指标一览表等，具体格式示范详见表 7-2~ 表 7-6。

表 7-2　规划用地平衡表（现状用地平衡表）

序号	用地性质		用地代码	面积 /hm^2	比例 /%
1	居住用地				
	其中	一类居住用地			
		二类居住用地			
2	公共管理与公共服务设施用地				
	其中	文化设施用地			
		教育科研用地			
		医疗卫生用地			
		社会福利用地			
	......				
	总计				

表 7-3   公共服务设施规划控制表

序号	用地代码	等级	用地性质	设施类型	数量	所在地块编号
1	A	片区级	文化设施用地	文化馆		
			医疗卫生用地	综合医院		
2	A	居住区级	文化设施用地	文化会所		
			社会福利用地	社区养老院		
			教育科研用地	中小学合校		
3	B		商业设施用地	商业服务		
4	A	社区级	地块配建	社区服务中心		
				幼儿园		

......

表 7-4   规划道路建设控制指标表

道路等级	道路走向	道路名称	起讫点	红线宽度 /m	长度 /m	断面形式	备注
快速路	东西向						
	南北向						

......

表 7-5   交通设施一览表

用地代码	用地性质	设施类型	数量 / 处	所在地块编号
S22	轨道交通场站	轻轨站		
S31	公交枢纽用地	公交枢纽站		
S41	公共停车场用地	停车场		

......

表 7-6   分地块指标一览表

地块编号	用地代码	用地性质	地块面积 /（×10⁴m²）	容积率	建筑面积 /（×10⁴m²）	建筑密度 /%	建筑高度 /m	绿地率 /%	停车位

......

7.2 控制性详细规划文本作业示范

文本撰写是控制性详细规划设计课程训练中必不可少的内容，学生需要在较短时间内基于自己的规划方案与相关图纸内容，完成结构相对完整、格式相对规范、内容相对准确及全面的法定性文本写作（表 7-7）。

表 7-7　北京市朝阳区 XX 组团开发建设控制性详细规划文本示意（有删减）①

第一章　总则

第一条　规划目的

依北京市政府委托编制《北京市朝阳区 ×× 组团开发建设控制性详细规划》，为 ×× 组团的景观塑造和城市开发建设提供规划法定依据。按照《北京城市总体规划（2004—2020 年）》要求，规划区未来要建设成为区域的商业休闲服务中心和集高品质居住社区为一体的综合功能区。

第二条　规划原则

1. 生态景观导向的可持续发展原则。坚持生态优先，合理配置资源，实现经济、社会、环境效益与可持续发展。充分利用本区温榆河水系，将河水、绿地、文化、景观与城市空间组织有机结合，构筑完善开放的绿化空间体系，打造城市宜居景观。

2. 合理高效的城市开发和土地利用原则。保证土地利用和功能布局的合理性，优先落实公益性服务设施和市政基础设施。根据开发需求及城市空间营造科学确定地块开发强度，高效利用土地资源，优化城市开发建设的效益、效率和效能。

3. 弹性结合刚性的规划管控原则。坚持规划的弹性和可操作性，对土地利用、道路交通、开发强度等中的关键要素进行刚性控制，并强化对景观营造、建筑要素、附属设施等的柔性引导，确保涉及公众利益的各项要素的规划落地。

第三条　规划依据

《中华人民共和国城乡规划法》(2008)

《城市规划编制办法》(2006)

《城市规划编制办法实施细则》(1995)

《城市用地分类与规划建设用地标准》（GB 50137—2011）

《城市居住区规划设计规范》（GB 50180—93/2002)

《城市道路交通设计规范》（GB 50220—95）

《城乡规划用地分类标准》（DB 11/996—2013）

《北京地区建设工程规划设计通则》（2003）

《北京城市总体规划（2004—2020 年）》（2004）

其他相关国家、地方标准及设计规范

第四条　规划范围

规划区位于朝阳区北部 ×× 组团，规划范围东至京沈路，南至京平路，西至主二路，北至主一路，基地总面积 2.80km²。

第五条　规划效力

本规划是北京市朝阳区 ×× 组团区域内土地使用和各类建设的规定性文件，适用于规划范围内各类用地开发

---

① 作业来自学生闫博，收录时对原文进行了较多删减和适当调整，原文中图表均被省略。

建设的规划管理工作。规划范围内编制和实施下层次规划，进行工程设计与开发建设，均应符合本规划的规定和要求。

第二章　功能定位与总体规模

第六条　功能定位

规划区是包含零售、餐饮、娱乐、商务、旅游、休闲、文化、居住等的多功能复合发展区，是朝阳以商业休闲服务中心和高品质居住社区为主导的综合功能区。

第七条　总体规模

规划用地规模为 280.02 公顷，人口规模为 3.2 万人。

第三章　规划结构与土地使用规划

第八条　规划结构

规划区的功能结构为"一环两带、六区多心"。

"一环"：指规划区内的一条主要交通组织环，由次八路、次九路、次十路、次十一路、次十二路、次十三路为主干组成；

"两带"：指滨河景观带和广场绿化带。滨河景观带是规划水系两侧的滨水生态景观绿化带，广场绿化带是指轨道交通站点及综合商业区向西延伸的广场绿化区；

"六区"：指一个综合商业区、三个高端居住片区、一个生态涵养区和一个绿化隔离区；

"多心"：指区域内的多个商业服务中心和休闲游憩中心。商业服务中心指分层级的社区级服务中心；休闲游憩中心指沿水系展开的带状公共绿地及重点打造的游憩节点。

第九条　土地分类使用

规划区居住用地 83.53 公顷，一类居住用地 8.89 公顷，二类居住用地 74.55 公顷；公共管理与公共服务设施用地 14.77 公顷；商业服务业设施用地 30.36 公顷；绿地与广场用地 74.85 公顷；道路与交通设施用地 56.30 公顷；非建设用地 20.21 公顷。合计城市建设用地 259.81 公顷，详见"规划用地平衡表"。

第四章　公共服务设施规划

第十条　公共服务设施规划

规划建设的城市级和片区级公共服务设施包括：片区级文化馆一处、片区级医疗设施一处。城市和片区级公共服务设施在地块配建中予以规定，其项目类型、建设量不得小于分图图则的规定。

居住区级公共服务设施是指为居住区配套的公共管理与公共服务设施、商业服务业设施。A 组团、B 组团、C 组团居住片区的居住区级配套中心均位于规划范围内，涵盖行政办公、集中商业、基础教育、文化娱乐和卫生等设施。

社区级公共服务设施是指为居住小区配套的公共服务设施，规划对社区服务中心（包括居委会、文化活动中心、卫生站等）和幼儿园等公益性服务设施在地块配建中予以规定，对商业和其他经营性服务设施通过明确的用地划定予以控制。

在规划区内进行较大范围的成片开发时，地块内配建公共服务设施可根据实际情况在下一层规划设计中合理整合与调整，但项目类型、建设量不得小于分图图则中的规定。

具体建设要求详见"公共服务设施规划控制表"和"分地块指标一览表"。

第五章　道路与交通设施规划

第十一条　轨道交通

规划预留轨道交通 15 号线通道。轨道交通为高架，位于规划范围东侧，防护绿地控制范围为 300m。

第十二条　道路等级

1. 对外交通。加强规划区与周边功能区的联系，主要对外交通通道为南北向的京沈路、主二路和东西向的京平路、主一路。

2. 道路分级。城市道路分为快速路、主干道、次干道、支路 4 级体系，各级道路红线宽度及道路等级详见"规划道路建设控制指标表"。

第十三条　道路横断面形式

充分考虑现状交通需求和交通组织要求，确定各级城市道路红线宽度、横断面形式，详见"规划道路建设控制指标表"。

第十四条　道路交叉口形式

规划设有立体交叉和平面交叉。京平路与京沈路交叉口采用立交，其余主次干道、支路交叉口均采用平交。

1. 立体交叉：规划京平路与京沈路相交时采用分离式立交形式。

2. 平面交叉：规划区内平交道路采用信号灯控制或者交叉口渠化的形式组织交通。

第十五条　交通设施

规划区内设置轨道交通站点 1 处，用地面积 0.74 公顷，占总建设用地的 0.26%。

规划区内设置公交枢纽站 1 处，用地面积 1.52 公顷，占总建设用地的 0.54%，结合轨道交通站点布置，并附建公共停车场。

划区内设置独立社会公共停车场 1 处，位于次六路北侧，用地面积 1.51 公顷，占总用地的 0.54%。社会公共停车场结合轨道交通站点及公交枢纽布置，形成区域公共交通核心，服务周边居民。具体要求详见"交通设施一览表"。

配建停车场（库）应就近设置，服务半径一般不得超过 150m，并宜采用地下或多层车库的方式。配建机动车停车位大于 50 个时，出入口不得少于 2 个，出入口之间净距须大于 10m，出入口宽度不得小于 7m。当设两个出入口有困难时，可改设一个出入口，但其进出通道的宽度不得小于 9m。

第十六条　步行系统

规划步行系统主要分为景观步行道和商业步行道。景观步行道沿规划水系、景观湖和湖边公共绿地设置；商业步行道沿两侧有商业裙房的生活性道路人行道设置。

第十七条　公交系统

规划在机场南线（京平高速公路）辅路、京顺路（京密路）设置主要公交线路，在主要公共设施以及居住地段的主出入口附近建立公交站点，并合理配置候车亭。公交车站服务面积以 500m 半径计算，公交覆盖率不小于城市建设用地面积的 90%。

第六章　绿地与水系规划

第十八条　景观系统规划

景观系统采用"点、网、块"相结合的布局结构，规划形成"五轴一带、景观渗透、节点均布"的景观结构。

"五轴"指沿规划水系形成的四条主要居住建筑景观轴线，以及沿次十二路、支三路形成的商业步行广场轴线。

"一带"指滨湖绿化景观带，由规划景观湖及沿湖边绿化组成。

"景观渗透"指沿河、沿湖绿化组成的生态景观界面，通过道路、廊道等向周边地块渗透，达成景观均好性。

"节点均布"指沿水系均匀分布的主要生态景观节点，以点状集中绿地形式为市民提供游憩空间。

第十九条　绿地系统规划

1. 公共绿地。规划区内公共绿地主要沿规划景观湖及水系两岸带状分布，打造滨水绿化景观廊道。

2. 防护绿地。在京平路两侧设置防护绿地，宽度控制在 100m 左右；京沈路以及轨道交通 15 号线两侧设置防护绿地，宽度控制在 300m 左右，以隔绝交通噪声，美化道路景观；主一路、主二路两侧设置防护绿地，宽度控制为35m。

第二十条　河流水系

对现有水网进行梳理整治，加强水环境治理、改善水质、营造良好生态环境。明确中心景观湖与五条规划水系的城市服务功能，创造舒适宜人的城市滨水空间，以改善滨水环境、增强滨水地区吸引力。水域蓝线两侧，宜结合滨水绿地营造自然生态驳岸，增加人和水体的互动，创造具有积极意义的城市活动空间。

<h3 style="text-align:center">第七章　市政工程规划（略）</h3>

<h3 style="text-align:center">第八章　环卫与防灾规划（略）</h3>

<h3 style="text-align:center">第九章　土地使用和建筑管理通则</h3>

第二十一条　用地分类原则和地块划分

1. 地块划分原则：地块尽量以道路和水体等自然界线划分；规划地块的用地性质尽量单纯（允许相容性用地存在）；相同性质的地块大小与开发规模相对均衡。

2. 地块划分与编号：考虑用地开发的合理规模要求，将规划区用地划分为5个片区、24个街坊、84个地块，按照分级编码方法，对片区、街坊、地块分别进行编码（"区—街坊—地块"三级），如A-01-01。

3. 地块性质：地块控制所使用的用地性质代码参照北京市地方标准《城乡规划用地分类标准》（DB 11/996—2013）。结合本地区发展情况，确定规划区主要用地类型如下：R1：一类居住用地；R2：二类居住用地；A2：文化设施用地；A333：中小学合校用地；A334：托幼用地；A51：医院用地；A62：社区养老设施用地；A8：社区综合服务用地；B11：零售商业用地；B14：旅馆用地；B23：研发设计用地；B4：综合型商业金融服务业用地；S1：城市道路用地；S21：轨道交通线路；S22：轨道交通场站；S31：公交枢纽用地；S41：公用停车场用地；G2：防护绿地；G3：广场用地；G42：生态保护绿地；E1：水域，共计6大类18中类21小类城市建设用地。

第二十二条　四线控制规定

1. "四线"：四线指道路红线、绿地绿线、城市蓝线、城市黄线。本次规划仅涉及道路红线、绿地绿线、蓝线的三线控制要求。三线控制除执行本规划规定外，还需同时符合相关行业规范、标准等的要求。

2. "红线"控制：本规划中的城市红线，是对规划城市道路及其附属设施用地的控制界线，即规划道路红线。道路红线范围只允许用于城市道路及其附属设施建设，以及城市公共设施工程管线的建设使用，任何单位和个人不得随意侵占。根据城市景观和工程管线建设要求，部分沿街建筑物需要从道路红线外侧退后建设，具体规定见"规划道路建设控制指标表"。

3. "绿线"控制：城市绿线是对城市各类绿地范围的控制界线。规划区绿线控制主要针对生态保护绿地及防护绿地。规划在京平路两侧设置防护绿地，宽度控制在100m左右；京沈路以及轨道交通15号线两侧设置防护绿地，宽度控制在300m左右；主一路、主二路两侧设置防护绿地，宽度控制为35m；规划水系两侧控制30m绿化带（特别困难地段不小于10m）。绿线范围内的绿地率总体要求控制在70%以上，不同类型绿地的详细绿化率控制指标和绿化用地界线具体坐标等参见图则规定。

4. "蓝线"控制：城市蓝线是指城市规划确定的江、河、湖、库、渠和湿地等城市地表水体保护和控制的地域界线。规划区内主要控制蓝线为规划景观湖及周边地块中的规划水系。主要景观湖位于规划区中心，蓝线范围最宽处360m左右，最窄处30m左右；五条规划水系穿过规划区域，汇入景观湖，蓝线宽度为30m。蓝线内禁止进行对城市水系保护构成破坏的各种活动。

第二十三条　规定性指标控制

1. 容积率：本规划中的容积率是指规划区建设地块内建筑总面积（不计地下层）与规划地块用地面积的比值。各地块容积率按"各地块控制指标一览表"中的规定执行。经北京市规划行政主管部门同意后，因成片开发需要，规划区内同类使用性质的相邻地块之间的容积率和建筑密度可在一定范围内进行调整，但需保证总建筑面积和总建筑密度不变。提供底层或平台作为公共空间的，在建筑密度不变、不影响周围建筑日照间距及后退距离规定的前提下，其容积率允许适当提高，具体标准参见"提供公共开放空间建筑面积补偿换算表"以及北京市规划行政主管部门的相关规定。

2. 建筑密度：建筑密度是指规划区建设地块内各类建筑的基底总面积与地块面积之比(%)，各地块建筑密度按照"分地块控制指标一览表"中的规定执行。

3. 绿地率：绿地率是指规划区建设地块内绿地总面积与地块面积之比(%)，各地块绿地率按"各地块控制指标一览表"中的规定执行。

4. 建筑限高：建筑限高是指地块内建筑所允许的最大高度。规划地区内整体建筑高度呈中心低外围高的形式，规划景观湖周边建筑高度较低，交通组织环路以外建筑相对较高。规划区内建筑高度分四个等级：一类居住用地范围内的居住建筑及低密度酒店的建筑高度控制在 9m 以内；二类居住用地范围内的居住建筑及高密度酒店的建筑高度控制在 18~36m 范围内；创意产业园区的建筑高度控制在 24~60m 范围内；其余商业、办公、医疗、教育等地块的建筑高度控制在 24m 以内。各地块建筑限高详见"分地块控制指标一览表"。

5. 建筑间距：建筑间距是指建筑物之间的最小垂直距离。建筑间距必需符合日照、卫生、消防等要求。建筑间距的计算一般以两栋相临建筑物外墙之间最小垂直距离为准。建筑间距的控制参照国家及北京市相关标准执行。其中，根据日照、通风要求和建设用地的实际情况，居住建筑的间距应满足大寒日大于 2 小时日照；其他布置形式的非居住建筑的间距，按消防间距控制；幼儿园、托儿所、中小学教学楼按国家有关规定执行。

6. 建筑退让：建筑退让是指建筑物后退地界、城市道路、公路、河渠、绿带、文物古迹两侧以及电力线保护区范围等。建筑退让距离必须符合消防、防汛和交通、安全等各相关规定的要求。规划区内沿城市道路两侧新建、改建建筑物，后退规划道路红线的距离按下列规定执行：建筑后退城市主、次、主路的距离分别为 10m、7m、3m；建筑后退交通组织环路，包括次八路、次九路、次十路、次十一路、次十二路、次十三路，不按城市道路等级退界要求执行，统一后退交通组织环路红线 10m。城市规划黄线、蓝线、市政管网周边的建筑，后退距离除符合上述规定外，还需符合相关规范的退界要求。

7. 交通出入口：交通出入口方位是指规划区建设地块内允许的适宜机动车开口位置或不允许开口的限制地段，在图则中通过对机动车出入口限制范围及适宜机动车出入口位置来控制。各地块应设独立的交通出入口，机动车出入口开口设置应符合下列规定：①地块出入口与道路交叉口的最小距离按"地块出入口与道路交叉口的距离控制一览表"的规定执行；②地块出入口距公共交通站台边缘不得小于 10m；③地块出入口距公园、学校、儿童及残疾人建筑的出入口不得小于 20m；④交叉口视距三角形内的任何建筑物、构筑物、广告设施不得阻挡视距三角形内的视线，该范围内的绿化植物不得高于 0.7m；⑤在城市文化、体育、商业、广场、公园等公共场所必须设残疾人通道；⑥公共停车场必须有良好的视野，其出入口不宜设在主干路上，可设置在次干路或支路上，出入口距离人行过街天桥、地道和桥梁须大于 50m。

8. 地块配建停车泊位：停车泊位是指规划区各建设地块内按建筑面积或使用人数必须配套建设的机动车停车泊位数。规划区内居住用地按 1 个车位 / 户配置停车位，商业、办公、医疗和教育设施用地按 1 个车位 /100m² 配置停车位。各地块停车位要求详见"分地块控制指标一览表"。

9. 地块配建公共服务设施：各地块配建公共服务设施按"分地块控制指标一览表"中的规定执行。

第二十四条 指导性指标控制

1. 建筑风格：沿景观湖地区的建筑以现代风格为主，在整体协调的基础上宜形成分区变化，景观建筑的风格和材质应与绿化和滨水环境相协调。居住和服务设施建筑也宜采用简约的现代风格，可结合景观绿化做出与景观环境相和谐的变化。

2. 建筑体量与界面：滨水区建筑体量不宜过大，确保滨水地带形成较为疏朗的界面，将滨水景观引入街区地块内部。沿生活性道路宜形成连续性的界面，建设沿街商业，服务社区居民；沿交通性道路宜形成高度韵律变化的界面，突出整体一致的城市形象。

3.建筑色彩：居住和服务设施建筑色彩以浅灰色调为主；景观建筑的色彩宜与绿化和滨水环境相和谐。

4.环境营造：整体打造城、绿、水相互融合的区域景观环境，建设具有观赏性、体验性和实用性的开放性景观体系。扩展片区功能，构建滨水活力场所，滨湖地带建设城市公共滨水绿地，通过规划水系、步行绿道、开放广场等要素串联整个规划区域，形成与城市纵深组团的渗透和互动。

第十章　规划实施与管理规定

第二十五条　总体要求

本规划批准后，相关规划管理人员须熟悉和掌握本规划，严格按本规划进行规划设计及建设管理。在本规划指导下，应加强下一步修建性详细规划的编制和管理，对规划公共绿地，重要节点和界面等进行城市设计。

第二十六条　规划行政管理措施

成立开发建设管委会或规划工作领导小组，负责本规划区的开发建设。大力宣传和贯彻《中华人民共和国城乡规划法》及北京市相关城市规划管理技术规定，依法进行本规划区的规划、建设和管理，保证本规划的落实。

第二十七条　规划实施中的公众参与

控制性详细规划实施与管理的过程中应加强公众参与，确保公众合理利益不受损害。通过规划宣传，让公众认知、理解和最大限度地参与到规划管理实施中来。强化公众参与在范围、途径等方面的程序性规定，为公众参与提供条件和制度保障。

第十一章　附则

第二十八条　成果组成

本规划由文本、图纸、图则、附件（说明书）组成。文本和图则具有同等法律效力，两者同时使用，不可分割。

第二十九条　规划生效

本规划自批准之日起生效。

第三十条　规划修改

因城市经济、社会条件发生变化超出规划预期或因上位规划调整和修编，需对本规划进行修编的，应按原审批程序报批。

因局部地段的经济、社会条件发生变化，需对该地段的控制性详细规划进行局部修改的，可按程序对本规划进行修订或调整。

第三十一条　解释权

本规划由北京市人民政府组织实施，由北京市规划行政主管部门负责解释。

附录

参考文献

[1] 何明俊. 城市规划许可制度的转型及其影响 [J]. 城市规划，2015，39(09)：53-58.

[2] 何明俊. 控制性详细规划行政"立法"的法理分析 [J]. 城市规划，2013，37(07):53-58.

[3] 江苏省城市规划研究院. 城市规划资料集:控制性详细规划(第四分册)[M]. 北京：中国建筑工业出版社，2002.

[4] 蔡震. 我国控制性详细规划的发展趋势与方向 [D]. 北京：清华大学，2004.

[5] 同济大学，天津大学，重庆大学，华南理工大学，华中科技大学. 控制性详细规划 [M]. 北京：中国建筑工业出版社，2011.

[6] 汪坚强，于立. 我国控制性详细规划研究现状与展望 [J]. 城市规划学刊，2010(03):87-97.

[7] 夏南凯. 控制性详细规划 [M]. 北京：中国建筑工业出版社，2011.

[8] 杜雁. 深圳法定图则编制十年历程 [J]. 城市规划学刊，2010(01):104-108.

[9] 沈磊. 控制性详细规划 [M]. 北京：中国建筑工业出版社，2015.

[10] 周剑云，戚冬瑾.《物权法》的权益保护与《城乡规划法》的权益调整 [J]. 规划师，2009，25(02):10-14.

[11] 周剑云，戚冬瑾. 控制性详细规划的法制化与制定的逻辑 [J]. 城市规划，2011，35(06):60-65.

[12] 殷成志. 德国城乡规划法定图则：方法与实证 [M]. 北京：清华大学出版社，2013.

[13] 殷成志，杨东峰. 德国城市规划法定图则的历史溯源与发展形成 [J]. 城市问题，2007(04):91-94.

[14] 章征涛，宋彦. 美国区划演变经验及对我国控制性详细规划的启示 [J]. 城市发展研究，2014，21(09):39-46.

[15] 赵守谅，陈婷婷. 在经济分析的基础上编制控制性详细规划——从美国区划得到的启示 [J]. 国外城市规划，2006(01):79-82.

[16] 孙晖，梁江. 控制性详细规划应当控制什么——美国地方规划法规的启示 [J]. 城市规划，2000(05):19-21，64.

[17] 衣霄翔，吴潇，肖飞宇. 美国的"区划变更"及其对我国"控规调整"的启示 [J]. 城市规划，2017，41(01):70-76.

[18] 阳建强. 美国区划技术的发展（ 上)[J]. 城市规划，1992(06):49-52.

[19] 林钦荣. 都市设计在台湾 [M]. 台北：创新出版社，1995: 164.

[20] 崔琪. 北京市中心城区控制性详细规划整合方法研究 [D]. 北京：清华大学，2006.

[21] 吴志强，李德华．城市规划原理 [M].4 版．北京：中国建筑工业出版社，2010.

[22] 姜涛，李延新，姜梅．控制性详细规划阶段的城市设计管控要素体系研究 [J]．城市规划学刊，2017(04):65-73.

[23] 孙晖，栾滨．如何在控制性详细规划中实行有效的城市设计——深圳福田中心区 22、23-1 街坊控规编制分析 [J]．国外城市规划，2006(04):93-97.

[24] 清华大学建筑与城市研究所．北京大栅栏地区保护、整治、复兴规划 [Z]．北京，2006.

[25] 邢宗海．清华大学建筑学院控制性详细规划设计课程课堂讲义 [Z]．北京市城市规划设计研究院详细规划所，2014.

[26] 汪坚强．中国控制性详细规划的制度建构 [M]．北京：中国建筑工业出版社，2017.

[27] 姜云，张洪波，庞博．城市详细规划原理与设计方法 [M]．北京：北京大学出版社，2012.

[28] 邱跃．北京中心城控规动态维护的实践与探索 [J]．城市规划，2009，33(05):22-29.

[29] 北京市规划委员会详细规划处．北京中心城控规动态维护工作年报 [R]．北京，2008.

[30] 北京市规划委员会详细规划处．北京中心城控规动态维护工作年报 [R]．北京，2009.

[31] 王云，陈美玲，陈志端．低碳生态城市控制性详细规划的指标体系构建与分析 [J]．城市发展研究，2014，21(01):46-53.

[32] 侯伟．我国低碳生态城市控制性详细规划研究综述 [J]．现代城市研究，2016(12):2-8.

[33] 郑段雅，周星宇．海绵城市控规技术导则编制探索 [J]．规划师，2016，32(05):17-22.

[34] 李晨，赵广英，沈清基，等．基于精细化思维的城市绿地系统控制性详细规划编制优化途径 [J]．规划师，2017，33(10):29-36.

[35] 黄明华，王阳，步茵．由控规全覆盖引起的思考 [J]．城市规划学刊，2009(06):28-34.

[36] 郑晓伟．动态理念下的控规指标体系及实施机制 [J]．现代城市研究，2010，25(02):40-44.

[37] 张践祚，李贵才．基于合约视角的控制性详细规划调整分析框架 [J]．城市规划，2016，40(06):99-106.

[38] 徐忠平．控制性详细规划工作的制度设计探讨 [J]．城市规划，2010，34(05):35-39.

[39] 李浩．控制性详细规划指标调整工作的问题与对策 [J]．城市规划，

2008(02):45-49.

[40] 张志斌，戴德胜．提高控制性详细规划实效性的规划编制方法探索 [J]. 现代城市研究，2007(10):32-38.

[41] 卢科荣．刚性和弹性，我拿什么来把握你——控规在城市规划管理中的困境和思考 [J]. 规划师，2009, 25(10):78-80,89.

[42] 陈定荣，肖蓉．控制性详细规划成果建库探索 [J]. 现代城市研究，2006(06):53-58.

[43] 张国琴，刘建．基于 GIS 的控制性详细规划实施评估 [J]. 地理空间信息，2013,11(05):97-99,13.

[44] 吴良镛．关于北京市旧城区控制性详细规划的几点意见 [J]. 城市规划，1998(02):6-9.

[45] 赵骞．存量视角下的历史地段控制性详细规划模式研究 [D]. 天津：天津大学，2016.

[46] 苏茜茜．控制性详细规划精细化管理实践与思考 [J]. 规划师，2017, 33(04):115-119.

[47] 杨勇，赵蕾，苏玲．南京"一张图"控制性详细规划更新体系构建 [J]. 规划师，2013, 29(09):67-70,76.

[48] 田莉．我国控制性详细规划的困惑与出路——一个新制度经济学的产权分析视角 [J]. 城市规划，2007(01):16-20.

[49] 韦冬，程蓉．控制性详细规划编制的分层及其他构架性建议 [J]. 城市规划，2009(01):45-50.

[50] 徐会夫，王大博，吕晓明．新《城乡规划法》背景下控制性详细规划编制模式探讨 [J]. 规划师，2011, 27(01):94-99.

[51] 姚凯．上海控制性编制单元规划的探索和实践——适应特大城市规划管理需要的一种新途径 [J]. 城市规划，2007(08):52-57.

[52] 孙翔，姚燕华．基于规划发展单元的总规—控规联动机制研究——以广州市为例 [J]. 城市规划，2010, 34(04):32-37.

[53] 郑颖睿．城市控制性单元规划编制研究 [D]. 合肥：安徽建筑工业学院，2012.

[54] 彭文高，任庆昌．不同类型地区控制指标体系确定的探讨 [J]. 城市规划，2008(07):52-55.

[55] 于一丁，胡跃平．控制性详细规划控制方法与指标体系研究 [J]. 城市规划，2006(05):44-47.

[56] 李雪飞，何流，张京祥．基于《城乡规划法》的控制性详细规划改革探讨 [J]. 规划师，2009, 25(08):71-80.

[57] 洪亮平,陶文铸．关于控制性详细规划编制的探索与思考——基于《城乡规划法》

的视角 [J]. 城市问题，2010(06):12-16.

[58] 谭敏，徐会夫."后控规"时代管理视角下控制性详细规划的修改程序探讨——基于相关城市的管理实践 [J]. 城市发展研究，2015，22(02):113-117.

[59] 王崇烈 . 清华大学建筑学院控制性详细规划设计课程课堂讲义 [Z]. 北京市城市规划设计研究院城市设计所，2015.

[60] 中华人民共和国住房和城乡建设部 . GB J137—2011 城市用地分类与规划建设用地标准 [S]. 北京：中国标准出版社，2010.

[61] 北京市规划委员会 . DB 11/996—2013 北京市城乡规划用地分类标准 [S]. 北京：北京市城乡规划标准化办公室，2013.

[62] 唐燕 . 地块细分方法 [J]. 北京规划建设,2006(04):77-78.

[63] 郑猛，张晓东 . 依据交通承载力确定土地适宜开发强度——以北京中心城控制性详细规划为例 [J]. 城市交通，2008(05):15-18.

[64] 盖春英 . 清华大学建筑学院控制性详细规划设计课程课堂讲义 [Z]. 北京市城市规划设计研究院交通规划所，2015.

[65] 段进宇，梁伟 . 控规层面的交通需求管理 [J]. 城市规划学刊，2007(01):82-86.

[66] 惠劼 . 全国注册城市规划师执业资格考试辅导教材：城市规划原理（第 1 分册）[M].6 版 . 北京：中国建筑工业出版社，2011.

[67] 中华人民共和国建设部 . GB 50220—1995 城市道路交通规划设计规范 [S]. 北京：中国标准出版社，1995.

[68] 魏保义 . 清华大学建筑学院控制性详细规划设计课程课堂讲义 [Z]. 北京市城市规划设计研究院市政规划所，2016.

[69] 保罗·A. 萨缪尔森，威廉·D. 诺德豪斯 . 经济学 [M]. 北京：首都经济贸易大学出版社，1996.

[70] 桂明，徐承华，冯一军 . 浅析控制性详细规划层面的市政基础设施规划 [J]. 城市规划，2013，37(12):68-71，96.

[71] 李晓芳 . 控制性详细规划中公共配套设施规划研究 [D]. 重庆：重庆大学,2006.

[72] 中华人民共和国住房和城乡建设部 . GB 50442—2015 城市公共服务设施规划规范 [S]. 北京：中国标准出版社，2015.

[73] 北京市规划委员会，北京市质量技术监督局 . DB 11/T 997—2013 北京市城乡规划计算机辅助制图标准 [S]. 北京：北京市城乡规划标准化办公室，2013.

[74] 舍广君 . 控制性详细规划与城市设计 [J]. 西部人居环境学刊，2017，32(04):1-6.

[75] 黄鹤 . 清华大学建筑学院控制性详细规划设计课程课堂讲义 [Z]. 清华大学建筑学院，2015.